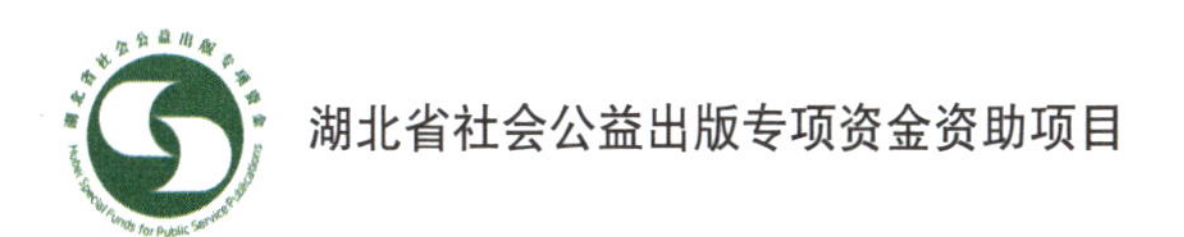
湖北省社会公益出版专项资金资助项目

探索地球演化奥秘科普系列丛书

# 地球生命的起源与进化

DIQIU SHENGMING DE QIYUAN YU JINHUA

徐世球 编著

中国地质大学出版社
ZHONGGUO DIZHI DAXUE CHUBANSHE

图书在版编目（CIP）数据

地球生命的起源与进化 / 徐世球编著 .—武汉：中国地质大学出版社，2019.7

（探索地球演化奥秘科普系列丛书）

ISBN 978－7－5625－4569－9

Ⅰ.①地…

Ⅱ.①徐…

Ⅲ.①生命起源－普及读物 ②生物－进化－普及读物

Ⅳ.① Q10-49 ② Q11-49

中国版本图书馆 CIP 数据核字（2019）第 140004 号

**地球生命的起源与进化** 徐世球 **编著**

**责任编辑：**唐然坤 段 勇 **选题策划：**唐然坤 **责任校对：**张燕霞

**出版发行：**中国地质大学出版社（武汉市洪山区鲁磨路 388 号） **邮政编码：**430074

**电话：**（027）67883511 **传真：**（027）67883580 E-mail:cbb @ cug.edu.cn

**经销：**全国新华书店 http://cugp.cug.edu.cn

开本：880 毫米 ×1230 毫米 1/32 字数：107 千字 印张 :3.375

版次：2019 年 7 月第 1 版 印次：2019 年 7 月第 1 次印刷

印刷：武汉中远印务有限公司

ISBN 978-7-5625-4569-9 定价：29.80 元

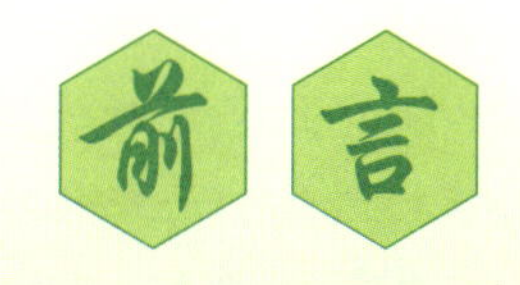


科技创新和科学普及是实现创新发展的两翼。一个民族的科学素质关系到科技创新、社会和谐、社会共识、科学决策和人民健康水平。基于此，我国在“十三五”期间把“科技强国”“科普中国”作为科学文化发展的重要目标。正是在这样的背景下，《探索地球演化奥秘科普系列丛书（4册）》应运而生。

《探索地球演化奥秘科普系列丛书（4册）》旨在积极响应国家的科普发展政策，通过对地球、生命、海洋等方面的演化探索，加强大众对地球演化史的认知，强调保护人类生存和发展所需要的自然资源理念，从而保护地球，正确地贯彻可持续发展理念，实现人与地球和谐发展。

该丛书是徐世球教授基于多年的科普讲座进行编写汇总的，为多年来科普成果的凝聚与智慧的结晶。该丛书包括4册，分别为《地球的来龙去脉》《地球生命的起源与进化》《蓝色海洋的变迁》和特别篇《穿越恐龙时代》。该丛书以“地球→海洋→生命→特殊物种恐龙”为主线，由整体到局部，由宏观到微观介绍了地球是如何形成的，海洋是怎样变迁的，生命是怎样起源的，特殊物种恐龙又是怎样灭绝的。

《地球的来龙去脉》主要介绍了地球的起源、自然资源、地质灾害、特殊的地球风貌，以及当前全球瞩目的“人与地球未来”的可持续发展研究。

《蓝色海洋的变迁》分述了海洋的神奇、海洋的起源、海洋的演化、海洋的宝贵资源和海洋保护5个方面，强调了海洋特别是深海作为战略空间和战略资源在国家安全和发展中的战略地位。

《地球生命的起源与进化》以地球的生命演化为主线，主要介绍了生命的起源→生命的进化→人类的进化→人类与生物圈。通过介绍丰富多彩的生命演化史，强调了生物多样性的重要性和意义。

《穿越恐龙时代》分别从恐龙家族的揭秘、恐龙的前世今生、特殊的恐龙、恐龙化石以及恐龙灭绝原因的猜想5个方面展开了对恐龙从诞生到灭绝的讲述，旨在向青少年科普恐龙的知识，了解物种的珍贵性。

《探索地球演化奥秘科普系列丛书（4册）》以“地球＋海洋＋生物”三位一体的方式，用通俗易懂的语言详细、系统、生动地讲述了地球演化的历史故事，具有以下鲜明的特点。

（1）框架完整，科普性强。该丛书内容涉及物种、资源、环境、灾害等方面，为一套针对地球演化知识普及的套系图书。

（2）内容丰富，可读性强。该丛书以地球、海洋、生命演化为多个切入点，重点阐述了地球演化的内容，通过地球演化史来强调人类发展与地球和谐相处的重要性，通俗易懂。

（3）符合科普发展战略，社会文化意义重大。该丛书的出版，顺应了国家科普发展战略的总体要求，具有服务社会的意义。

（4）受众面广，价值巨大。该丛书集地学科普、文化宣传于一体，适合非地学专业人士阅读，读者面广。

《探索地球演化奥秘科普系列丛书（4册）》是符合当前国家“科普中国”倡议的科普丛书，目前为“湖北省社会公益出版专项资金资助项目”。从项目伊始到出版，湖北省社会公益出版基金管理办公室、中国地质大学（武汉）、中国地质大学出版社各级领导以及相关审稿专家给予了大量的帮助和支持，在此我们一并表示诚挚的谢意。

编者在创作过程中海量地借鉴了图书、期刊、网络中的信息、图片、文字等资料，针对一些科学界仍有争议的论点或论断，尽量做到博众家之所长，集群英之荟萃，采纳主流思想，兼顾最新研究前沿。同时，由于编者知识水平有限，书中难免有不当和疏漏之处，希望广大读者尤其是地球科学领域的专家学者能够谅解，并不吝赐教，我们将虚心受教，不断改进。

# 目录

CONTENTS

①
②
③

# 1

# 生命的历史长河

你是否曾对生命感到疑惑？“我们”又从哪儿来？让我们带着这些疑问，重温地球46亿年的历程，“亲眼”见证地球上生命的起源和演化历史。

## 1.1 生命的载体——地球

地球存在于浩瀚无边的宇宙中，地球也是我们人类的唯一家园。为什么地球上会出现生命呢？在探索生命奥秘之前，让我们先来了解一下生命的载体——地球。

地球所在的银河系由 2 000 亿颗恒星组成，直径约 10 万光年。我们的太阳系也只是银河系中的一粒细小“尘埃”，而我们的地球更加渺小。按道理来说，在这么大的宇宙中我们的“兄弟姐妹”应该特别多，但奇怪的是，目前所知似乎只有地球上存在生命。

▲地球在太阳系中的位置

为什么只有我们的地球有生命存在呢？原来 46 亿年前，地球在形成之初只是一颗炙热的大火球，跟现在的形态相差巨大，经过了几十万年，物质逐渐冷却凝固，原始大陆逐渐开始形成，形成了

▲地球的形成

地球的初始状态；又经过了几十万年，地球内部化学反应所产生的气体喷出后被保存在它的周围。也正是由于地球与太阳不近不远的距离，使得地球的引力将产生的气体“拉住”，使其无法脱离地球的控制，原始的大气层也就此形成。

后来又随着地球温度逐渐下降，大气层的温度也逐渐下降，大气层中的水蒸气逐渐遇冷凝结，以滂沱大雨的形式降落到地面上，从而出现了原始的海洋。

生命的出现离不开液态水的存在，原始的海洋虽然像一盆稀薄的热汤，但它也为生命的形成创造了不可缺少的条件。

巧合的是，月球作为地球的“好伙伴”，几乎与地球同时诞生，而且由于月球的引力，使地球产生了潮汐。由于地球的自转和公转，使地球有了昼夜和四季的变化。

就这样，直到最初的生命诞生时，地球已经度过了约 8 亿年的时间，逐渐稳定下来，表面已经有了大气圈、水圈和岩石圈。

## ◇科普小课堂——探索外太空的生命◇

地球是太阳系中目前发现的唯一存在生命的星球，那么还有其他与地球类似的星球存在吗？为此，地球上的我们带着疑问一直在不懈地探索外太空。随着地球上人类文明的发展，科学家们也不断地在太阳系其他八大行星中寻找地外生命，这其中最受人们重视的为火星生命的探测。

▲火星

1962 年苏联发射“火星 1 号”探测器，虽未成功到达火星，但人们把它看作是人类火星探测的开端；1964 年美国向火星发射了“水手 4 号”火星探测器，它向地球发回了 21 张照片，也是有史以来第一枚成功到达火星并发回数据的探测器；1969 年美国发射了“水手 6 号”和“水手 7 号”探测器，它们对火星大气成分进行分析，并发回了大量照片；1971 年美国发射的“水手 9 号”探测器首次拍摄到火星全貌；1973 年苏联发射的“火星 5 号”探测器拍到世界上第一张火星彩色照片；1975 年美国发射“海盗 1 号”

▲“好奇号”火星探测车

探测器，得到了火星周景全彩色图；1996 年 11 月，美国的火星“全球勘测者”探测器发射升空，这枚探测器持续运作了 10 年，成为迄今服役时间最长的火星探测器；2001 年 4 月美国发射“奥德赛”火星车，首次发现火星上可能有冰冻水存在；2004 年 1 月美国“勇气号”探测器在火星着陆；2005 年 8 月美国成功发射火星侦察轨道器（火星勘测轨道飞行器），成为火星的第四个正在使用中的人造卫星与第六个正在使用中的火星探测器；2008 年美国“凤凰号”探测器在火星北极成功着陆，并挖到冰冻水，从而证实火星上确实有水的存在；2012 年 8 月美国“好奇号”火星车成功在火星着陆，并在 2013 年 9 月经过加热火星表面土壤，发现水的含量占 2%，科学家推测火星上应该有丰富的可以轻易获得的水；2018 年 11 月，美国发射的“洞察号”无人探测器成功登陆，它将首次为人类探索火星“内心深处”的奥秘。

2014 年 12 月，“好奇号”火星车最新采集到的数据揭示了火星夏普山有可能是由大型河床沉积物不断积累形成的，这也为火星曾经存在湖泊提供了有力证据。

在沉积物的样品中，碳、氢、氧、氮、磷和硫等关键生命元素的发现也为火星可能存在生命提供了证据。

科学家们不断在太阳系中探寻地外生命时，虽然发现了许多能够支持火星可以孕育生命的证据，但是在火星上存在生命还只是一种可能，到目前为止还没有能确切地发现或探测到生命活动的迹象，对于火星生命的探测，甚至于其他地外生命的探测任重而道远。

我国于 2016 年 1 月正式批复首次火星探测任务，并计划于 2020 年左右

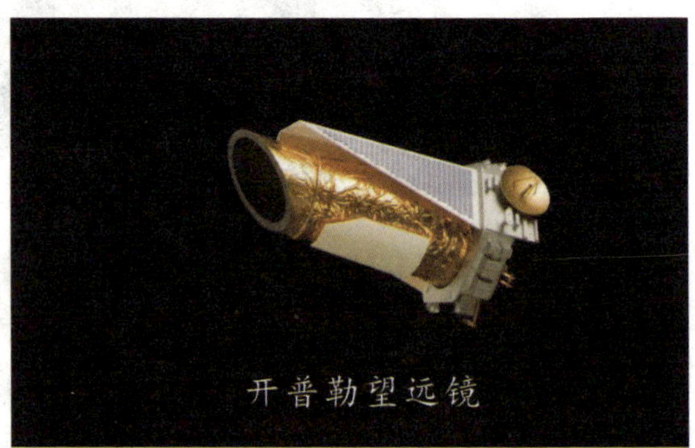

▲开普勒望远镜及搭载火箭

发射第一颗火星探测卫星，探测火星表面的生命迹象。

为了探索宇宙中太阳系外的其他行星，美国在2009年3月发射了世界上首个太空望远镜——“开普勒号”。“开普勒号”在天鹅座发现了一颗与地球相似指数高达0.83的类地行星，并命名为开普勒452b。它也像地球一样围绕着一颗恒星公转，距离与地球到太阳的距离相同，公转周期也只比地球多20天，处于所谓的生命“宜居带”，理论上来说可能会有液态水和大气层，因此可能会有生命存在。

但是，这样一个与地球如此相似的星球，却与地球相隔1400光年，就算是乘坐速度为16.7千米/秒的飞船，也需要2300万年才能到达。

▲地球与开普勒452b

| 行星 | 国家 | 主要探测历史与展望 |
|---|---|---|
| 水星 | 美国 | 1973 年美国国家航空航天局（NASA）发射第一艘探测水星的“水手 10 号”（Mariner 1<br>太空船 |
| | 美国 | 2004 年 8 月美国国家航空航天局发射第二艘探索水星的“信使号”（MESSENGER）飞 |
| | 美国 | 2018 年 10 月 19 日，“阿里安 –5”（Ariane 5）火箭携带欧洲航天局（ESA）和日本宇<br>空研究开发机构（JAXA）联合开发的“比皮科伦坡”（Bepi Colombo）探测器在南美<br>属圭亚那库鲁航天中心发射成功，探测器将于 2025 年 12 月接近水星，其探测任务将持<br>2027 年 5 月 |
| 金星 | 美国 | 20 世纪 60 年代，美国国家航空航天局（NASA）发射的“水手 2 号”和“水手 5 号”<br>借助它的射电掩星实验得到金星大气的成分、气压和密度。1978 年先后发射“先锋者<br>星轨道器（Pioneer Venus Orbiter，即“先锋者金星 1 号”）和“先锋者”金星多探测器（<br>锋者金星 2 号”）。1989 年 5 月 4 日，美国发射“麦哲伦”（Magellan）探测器。美国<br>木星的“伽利略号”探测器和飞往土星的“卡西尼 – 惠更斯号”探测器在飞越金星时<br>行了金星的探测 |
| | 俄罗斯<br>（苏联） | 1961 年 2 月 12 日，苏联发射第一个金星探测器“金星 1 号”，但失败；1965 年 11 月 12 日和 1<br>苏联成功发射了“金星 2 号”和“金星 3 号”探测器，1967 年 6 月 12 日发射“金星 4 号”探<br>1969 年 1 月 5 日和 10 日发射了“金星 5 号”和“金星 6 号”探测器均未能成功发回探测结<br>1970 年 8 月 17 日发射“金星 7 号”；1975 年 6 月 8 日和 14 日发射“金星 9 号”和“金星 10 号<br>1978 年 9 月 9 日和 14 日发射“金星 11 号”和“金星 12 号”；1981 年 10 月 30 日和 11 月 4<br>射“金星 13 号”和“金星 14 号”；1984 年 12 月，苏联发射两个金星系列“韦加号”探测 |
| | 欧洲航天局 | 2005 年 11 月 9 日，欧洲航天局（ESA）发射“金星快车号”（Venus Express）探测器 |
| | 美俄国际联合<br>太空计划 | 美国国家航空航天局和俄罗斯太空研究中心的科学家将共同探讨金星“韦内拉 –D”探<br>划，计划 2025—2026 年发射探测器和登陆器至金星 |
| 木星 | 美国 | 美国发射的“先驱者 10 号”和“先驱者 11 号”探测器（分别于 1972 年 3 月、1973 年 5 月发<br>是人类最先发射到木星附近探测的一对探测器，拍摄了 300 张木星彩色照片；“旅行者<br>和“旅行者 2 号”探测器（1977 年发射）是第二对探测木星的探测器，它们只是顺路探测<br>但获得许多意想不到的探测成果，拍摄了木星及其 5 颗卫星的几千张彩色照片并传回地<br>“伽利略号”探测器（由美国“亚特兰蒂斯号”航天飞机于 1989 年送入）探测木星及<br>颗卫星，包括施放一个探测装置直接进入木星大气层（1995 年 12 月 7 日抵达）探测，<br>了木星真面目 |
| 土星 | 美国 | 迄今已有 3 个探测器对土星进行了实地考察：“先驱者 11 号”探测器、“旅行者号”探<br>“卡西尼号”探测器 |
| 天王星、<br>海王星 | 美国 | 天王星和海王星是距离太阳最远的两颗大行星，在 1986 年 1 月与 1989 年 8 月“旅行者<br>像资料也是由那次飞掠提供的。但现在，以环绕方式对这两颗远日行星进行详细探测的<br>实验室（JPL）将着眼于研究这两颗冰巨行星的结构和成分、卫星系统等 |

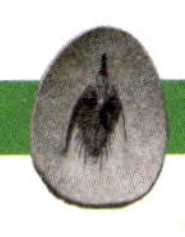

## 主要活动表◇

| 主要目的任务 |
| --- |
| 手 10 号”太空船发现水星拥有稀薄的大气层，主要由氦组成，也发现了水星拥有磁场与巨大的铁质核心 |
| 水星表面的化学成分、地理环境、磁场等基本情况。它的任务是环绕行星轨道而非仅是飞越，可以探测到整个水面。本次发现，在水星北极附近一些撞击坑内还存有含碳有机化合物和水冰，相比“水手 10 号”太空船“信使号”器装置的照相机分辨率更优 |
| 测器的两个飞行器中，欧洲航天局的水星行星探测器（MPO）将用摄像机、高度计、放射线传感器等 11 种仪器水星表面的地形地貌和矿物种类；日本的水星磁层探测器（MMO）将在水星周围旋转，探索围绕着水星的磁场以气情况 |
| 的“水手号”系列探测器，是世界上第一个成功的星际间探测器。作为“水手1号”太空船备份的“水手2号”(Mariner2)为 202.80kg，其任务在于试图飞越金星并传回此行星的大气、磁场以及质量等数据。在 1962 年 12 月 14 日“水手”以距金星 34 773km 的距离通过金星，并于 1963 年 1 月 3 日前持续不断地传回所侦测的资料。整体而言，此行的算是极为成功的，“水手 2 号”探测器仍然运行于太阳轨道中 |
| 共发射16个“金星号”系列探测器，从1961年到1984年总共进行了24年的飞行考察，其中具有重要意义的探测器为：“金星 4 号”探测器，成功登陆金星表面，但由于金星大气的压力和温度较高导致着陆舱受损，未能成功发回金星结果；②“金星 7 号”在金星实现软着陆，首次向地球传回了金星表面的情况，成功传回金星表面温度等数据资料；金星 9 号”和“金星 10 号”在金星表面各拍摄了一张金星全景照片，首次展示了金星真面目；④“金星 13 号”和“金4 号”拍得 4 张金星表面彩色照片，表明金星表面覆盖着褐色的砂土，岩石结构像光滑的层状板块；⑤“金星 15 号”“金星 16 号”通过雷达对金星表面进行综合考察，获得许多宝贵资料 |
| 带7种科学仪器的探测资料，揭示了金星大气、云和表面的一些未解之谜，诸如是否有活火山活动，金星大气的特性、环流、大气结构与成分跟高度的关系、大气与表面的关系以及金星的空间环境等 |
| 家计划发射俄罗斯太空探测器，3 年时间抵达金星轨道。该项国际联合太空计划将有助于揭晓金星的远古气候，这颗星球是否具备孕育生命的条件 |
| 驱者 10 号”探测器在 1973 年 12 月到达距离木星最近处，不仅发回了 300 余张中等分辨率的照片，还探测到木星些物理参数。<br>行者 2 号”探测器于 1979 年 7 月接近木星，新发现了几个环绕木星的环，并发现木卫一上有仍然活跃的火山活动，旅程也证实了木卫三上有多坑和多深沟这两种明显的地形。<br>利略号”探测器于 1995 年 12 月进入木星轨道，绕木星飞行了 34 圈，观测结果大大增进了人们对木星和 4 颗卫星解。“伽利略号”到达后，人们发现的木星卫星的数量从 16 颗增加到 63 颗，并且发现木卫二表层下可能存在海洋，引发了木卫二上是否存在生命的新争论 |
| 驱者 11 号”于 1979 年 9 月接近土星，用以测试“旅行者号”探测器的轨道。如果探测到有危险，“旅行者号”器将变更轨道离开土星的光环。<br>行者 1 号”探测器于 1980 年 11 月接近土星，探测到土星环的复杂结构，并对土卫六的大气层进行了观测。<br>西尼号”土星探测器于 2004 年 7 月进入环绕土星的轨道，进行历时 4 年的科学考察，围绕土星运行 76 周，52 次土星的 7 颗卫星。它传回的数据显示，土卫六与早期的地球极为相似，冰封的地下可能存在一个液态水层 |
| 飞掠过天王星与海王星后，人类已有 30 年没有造访过这两颗太阳系最远的行星了，关于天王星与海王星的高清图日程，并且是未来 20 年美国国家航空航天局行星科学探测的重要目标之一。探测器预计在 2030 年发射，喷气推进 |

#  1.2 生命演化历史悠久

让我们再回到地球形成初期。随着地球环境的稳定，大气圈、水圈、岩石圈的出现，海洋中一些无机物逐渐演变成有机小分子，再形成有机大分子，并逐渐演化成多分子体系，直到原核单细胞生物的出现。

第一个生命的诞生，地球花了约8亿年的时间。地质学家和古生物学家们根据地球上生物演化发展的阶段编制了地质年代表。

首先根据生物化石的产出情况，划分为隐生宙和显生宙。所谓隐生宙就是生物化石很微小或没有，不容易被发现。相反，显生宙则化石丰富，易于发现和研究。根据生物发展演变的特点，显生宙

▼古生代海洋模拟图

又进一步地划分为古生代、中生代和新生代。各个代之下又进一步地被划分为若干个纪，如古生代的第一个纪就是寒武纪。寒武纪之前的地球历史通常也称为前寒武纪，也就是隐生宙。由于前寒武纪时间太长，约占地球历史 88%，因此通常又进一步划分为冥古宙、太古宙和元古宙。

地球上最早出现的生命形态是简单原始的原核单细胞生物。这些简单的生命，在地球早期漫长而恶劣的环境中不断适应和进化，终于在元古宙初期发生质的飞跃，从厌氧的原核单细胞生物进化到好氧的真核生物，从而开启了生命复杂的演化之旅。

在大约 38 亿年前出现原核单细胞生物之后，经历了 30 多亿年漫长的等待，一直到距今 5.4 亿年左右的寒武纪初期，动物的种类和数量才有了爆发式的增长，科学家们把 5.4 亿年前这种爆发式的生命演化称为“寒武纪生命大爆发”。也是从这一时期开始，古生代、中生代和新生代每个时代都有了自己独特的统治生物。古生代又被称为古老生物时代，各种各样的古老生物在古生代中称王称霸；中生代又被称为恐龙的时代，电影《侏罗纪公园》当中所描绘的恐龙世界令人难忘；到了新生代，就是哺乳动物的天下了，人类也慢慢发展起来，并开始改造自然，人类主宰地球的时代也随之来临。

在地球生命演化和发展中，生命也不断经历着从爆发到灭绝再到复苏的过程。生命演化过程也是一个从低级到高级的不断分化，从简单的原核生物进化为复杂的原生生物再到复杂的多细胞生物的伟大历程。

从前寒武纪的藻类原核生物开始，地球上的生命就开始踏上了演化之路。在原始海洋中，从原核藻类慢慢演化，大约在 14 亿年前演化出结构更为复杂的真核藻类。直到 4 亿多年前的志留纪，蕨类植物率先从海洋走向陆地，为后续的动物登陆提供了先决条件。到了石炭纪（3.59 亿年前）森林繁盛，二叠纪（2.99 亿年前）时出现了更高等的裸子植物。与现在大多数植物相同的被子植物最早出现在晚侏罗世（1.45 亿年前），从那之后被子植物取代了裸子植物在植物界的地位，成为地球上最常见的植物。

地球上的动物也不甘落后，从前寒武纪末期埃迪卡拉动物群

▲地球历史及生命演化简图

（Ediacaran Biota）的出现到寒武纪生命大爆发，再到两栖类动物的登陆，并逐渐演化为爬行类、哺乳类动物。在演化过程中地球经历了5次生物大灭绝，也经历了多次动物大繁盛。地球上的动物不断地演化更替，地球霸主几经更迭。

无论是植物和动物，在演化过程中也都是从简单到复杂，从海洋到陆地发展的，同时也是不断地经历爆发、灭亡、复苏的过程。下面让我们用一张图来直观地感受一下地球上生命演化的过程吧！

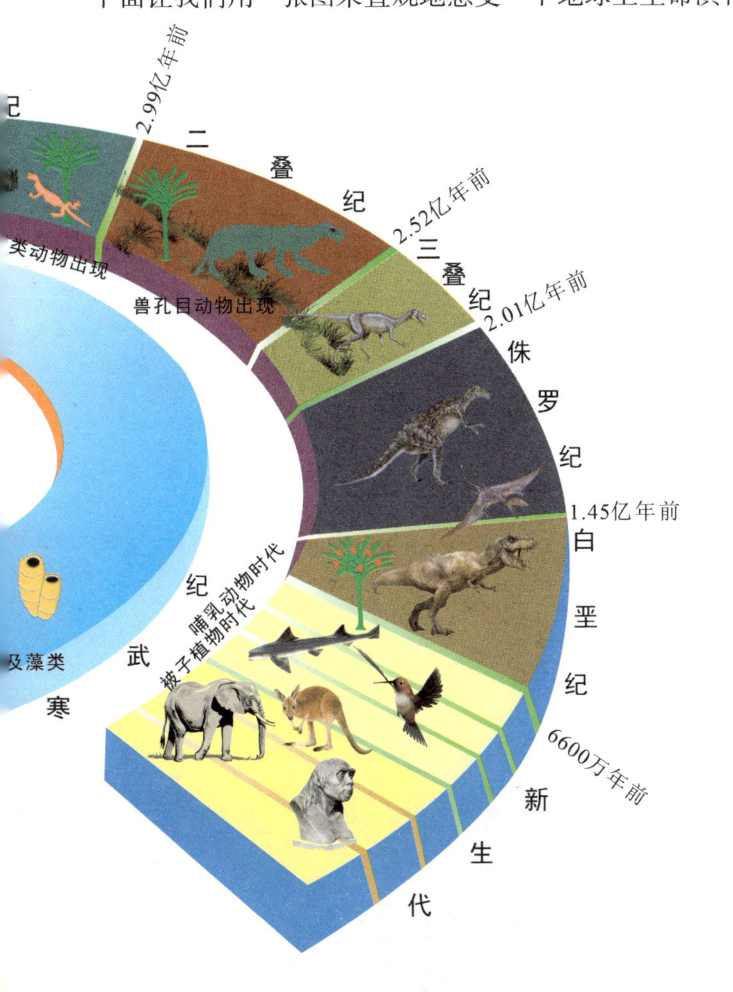

◇地球生命

| 前寒武纪（46亿年前—5.41亿年前） | 古生代（5.41亿年前—2.52亿年前） | | | |
|---|---|---|---|---|
| | 寒武纪 | 奥陶纪 | 志留纪 | 泥盆纪 |
| 38亿年前生命出现 | 三叶虫在海洋中爆发式出现 | 头足类鹦鹉螺在海洋称霸 | 板足鲎进入全盛期 | 沟鳞鱼出现 |
| 5.8亿年前埃迪卡拉动物群出现 | 现代昆虫的远祖——抚仙湖虫 | 海百合繁盛 | 有颌鱼出现 | 两栖类动物出现 |
| 光合作用的藻类出现 | 脊椎动物无颌鱼首次出现 | | 裸蕨植物出现 | |
| | ▼埃迪卡拉动物群在寒武纪初灭绝 | ▼第一次生命大灭绝 | ▶植物登陆成功 | ▲鱼类大繁荣 |
| | ▲海洋无脊椎动物呈爆发式出现 | ▲海百合、腕足类、头足类动物占领海洋 | | ▼第二次生命大灭绝 |
| | | | | ▶脊椎动物登陆成功 |

## 历程简图◇

| | | 中生代<br>（2.52 亿年前—6600 万年前） | | | 新生代<br>（6600万年前至今） |
|---|---|---|---|---|---|
| 炭纪 | 二叠纪 | 三叠纪 | 侏罗纪 | 白垩纪 | |
| 昆虫出现 | 兽孔目动物 | 恐龙出现 | 蛇颈龙 | 霸王龙 | 哺乳动物盛行 |
| | 盘龙目动物 | 鱼龙出现 | 张和兽 | | |
| 繁盛 | | | 辽宁古果 | 角龙 | 人类出现 |
| | ▲爬行动物盛行 | ▶恐龙出现 | ▶被子植物出现 | ▶霸王龙出现 | ▲哺乳动物繁盛 |
| 虫大量 | ▼第三次生命大灭绝（三叶虫等无脊椎动物灭绝） | ▼第四次生命大灭绝（牙形动物灭绝） | ▲恐龙繁盛 | | ▲被子植物繁盛 |
| 林广泛 | | | | ▼第五次生命大灭绝（包括恐龙灭绝） | ▶人类出现 |
| | ▲裸子植物针叶林出现 | ▶原始哺乳动物出现 | ▶飞行爬行动物出现 | | |

# 2 珍贵的历史见证

生命的演化对我们来说遥远而又神秘，在当时人类都还没有诞生，更不可能有人能把它们用笔记录下来。那么科学家是怎么知道以前发生过那么多有意思的事情，出现过各种各样现在见不到的生物呢？

## 2.1 生命的记录者——化石

▲剑齿虎头骨化石

古时候许多生物死亡后的遗体或者遗迹被当时的泥沙所掩埋，之后这些生物遗体当中的有机质被分解殆尽，其他坚硬部分如外壳、骨骼等与包围在周围的沉积物一同经过石化作用变为岩石，将它们原来的形态结构都保存下来。同样的，那些生物生活时留下的痕迹也可以通过这种方式保留下来。这些石化了的生物遗体、遗迹就被统称为化石。

▼剑齿虎复原图

我们从化石中就可以看到古代动物、植物的生活状况和生活环境，可以推断出埋藏化石的地质年代，可以看到生物从古至今的变化等历史事件。

可以说，化石是古代生物生存过的证明，研究化石也是我们了解古生物、了解生命演化的必经之路。根据化石的记录，我们也可以利用现在的科技手段对古生物进行复原。

## 2.2 化石的种类

我们了解了什么是化石之后，再让我们来了解一下化石的分类。

科学家一般根据化石的保存特点，将化石分为实体化石、模铸化石、遗迹化石和化学化石等。

### ◎实体化石

实体化石指古生物遗体本身几乎全部或部分保存下来的化石。实体化石主要有两类：未变实体和已变实体。未变实体指生物遗体几乎没有什么变化，完整地保存下来的化石。已变实体指生物遗体已经经过一定程度的石化，全部硬体或者部分硬体保存为化石。实体化石在所有化石中占大多数，如骨骼、树干、贝壳等。

▲鹦鹉嘴龙实体化石

▲动物模铸化石

## ◎模铸化石

模铸化石是生物遗体在地层或围岩中留下的印模或复铸物。模铸化石虽然不是实体，却能反映出生物体的主要特征，主要分为印痕化石、印模化石、核化石和铸型化石4种。

## ◎遗迹化石

遗迹化石指保留在岩层中的古生物生活活动的痕迹和遗物。遗迹化石中最常见的是足迹化石，此外还有节肢动物的爬痕、掘穴、钻孔以及生活在滨海地带的舌形贝所构成的潜穴，均可形成遗迹化石。

遗物化石是遗迹化石的一种，它是古生物留存下来的遗物经过成岩石化作用形成的化石，如蛋化石、粪便化石等。

▲恐龙足迹化石

▲恐龙蛋化石

## ◎化学化石

在很多情况下，生物的遗体并不能完整地保存下来，但是其体

内的一些有机成分在一定条件下能够保存在岩层里。这些物质虽然看不见、摸不着，却具有一定的有机化学分子结构，足以证明过去生物的存在。因此，科学家就把这类有机物称为化学化石。

▲琥珀化石

除此之外，还有一些特殊的化石，比如琥珀化石。这是由一些古代植物分泌的大量树脂，将昆虫完全包裹后形成的化石，昆虫的形态完完全全地保存下来。

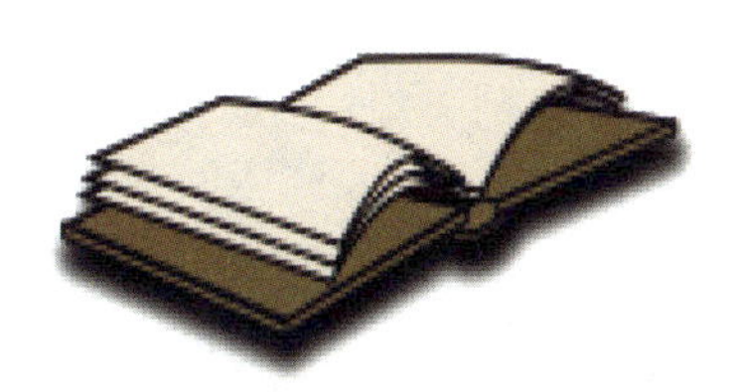

## ◇科普小课堂——化石的特殊分类◇

我们常见于岩层的化石是以其保存特点来分类的，但在实际应用中，还有很多其他的分类方法。

### ◎标准化石

可用作确定地层地质年代的已灭绝的古代动植物化石，被称为标准化石，如寒武纪早期的莱德利基虫化石。

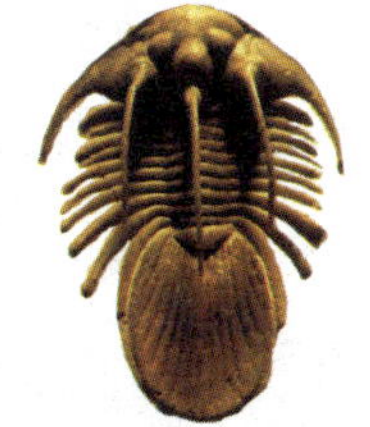

▲寒武纪早期的标准化石——莱德利基虫化石

## ◎指相化石

能够指示生物生活环境特征的化石被称为指相化石。例如放射虫、珊瑚、腕足类等可以指示海洋沉积环境。

▲指示海洋环境的指相化石——海胆化石

▲恐龙骨架化石

▲木化石

### ◎木化石

木化石是古老的树木被迅速埋藏在地下后，木质部分被地下水中的二氧化硅置换而形成的树木化石，又称硅化木。

在形形色色的化石中，化石的大小也是千差万别，有长达 45 米的恐龙化石，也有不到 1 毫米的植物孢子化石。

▲植物孢子化石

化石虽然在大小上有成千上万倍的差距，但它们也都将过去亿万年前发生在地质历史时期的事情良好地记录了下来，供我们来了解。

## 化石的形成

自然界有纷繁复杂、种类多样的化石，作为生命的记录者，它们对生命演化至关重要，但它们到底是如何形成的呢?

### ◎化石形成的条件

条件一：生物体一般需包含坚硬部分。

条件二：生物在死后需要避免遗体被毁灭。

条件三：生物必须能被某种能阻碍分解的物质迅速埋藏起来。

条件四：埋藏在沉积物中的古生物必须与周围的沉积物一起经

历至少万年以上的成岩压实、结晶以及矿物转换等长时间的石化作用。

## ◎化石形成的过程

化石的形成是一个十分缓慢的过程。以动物化石为例来说，当一个动物死亡之后，随着时间的流逝，它的遗体中的有机质逐渐被完全分解，剩下的骸骨被沉积物所掩埋，被掩埋之后的生物遗体慢慢地就开始了石化的过程。我们都知道，动物最坚硬的部分就是骨骼和牙齿，这些部分不会那么容易被分解，而且随着沉积作用的不断加剧，它的尸体会越埋越深，最终才能形成化石。这个过程往往需要几百万年，甚至上千万年才能完成。

①生物死亡

②生物腐烂

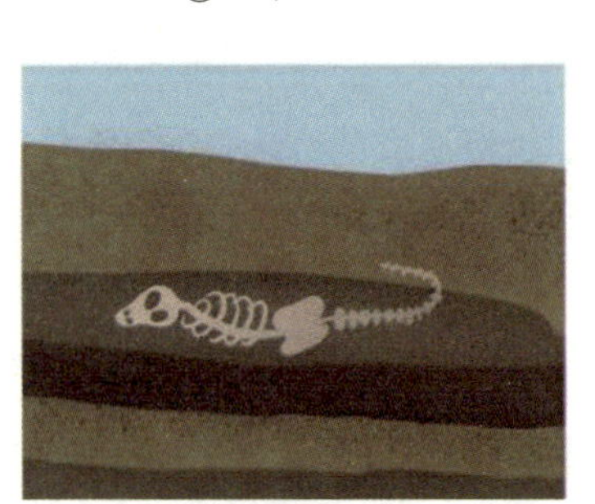
③生物埋葬

④化石出露

▲化石形成图

## 2.4 化石的发现

在生物经历种种磨难形成化石之后，又如何被人们所发现呢?原来，被深埋在岩层中的化石想要重见天日，还需要一个回归地表的过程。因为地壳是不断在运动的，所以被埋藏的化石也会随着地壳运动逐渐抬升，当表面的岩层被剥蚀掉后，这些化石就会显露出它们的“庐山真面目”。

但是真正发现化石的过程可没有描述得那么简单。首先，由于地壳运动而被抬升到地表的化石就已经是少数了；其次，当化石暴露出地表之后，如果在一定的时间内没有被人发现，那么它们也会像其他岩石一样，被风雨等自然条件侵蚀破坏。

因此，要想在寻找化石的时候找到一些捷径，就需要有一定地质学专业知识积累。古生物学家在寻找化石的时候将工作重点都放在沉积岩中，因为化石的保存主要与沉积岩有关。另外，寒冷的冻原和干燥的沙漠也比较容易发现化石。

所以，也可以说是地质古生物学家们在不断发现化石的过程中，带领我们回到了地球演化的各个阶段，犹如亲身经历般领略古生物的风采。

▲在智利阿塔卡马沙漠发现史前鲸鱼化石

▲在尼日尔沙

▲化石的形成与发现

亿年前鳄鱼化石

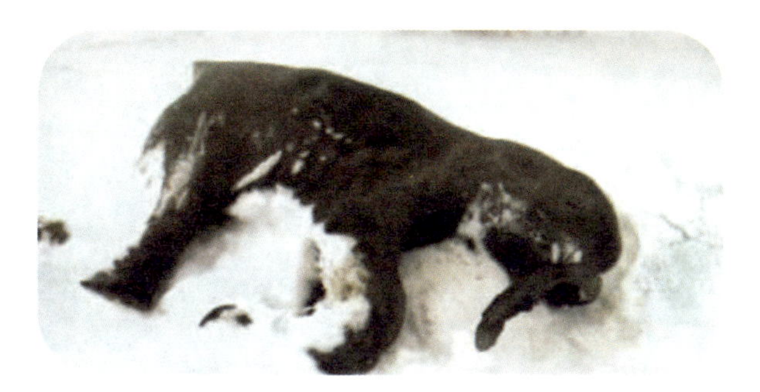

▲在冻原中发现的猛犸象化石

# 3

# 生命的起源

从人类文明开始，我们总在不断地探索生命的起源，也在不断地发问：人类是从哪儿来的？地球上的生命是怎样出现的？

# 3.1 生命起源的传说

关于生命的起源，我国历史上有着多种多样的神话传说，比如盘古开天地创造万物、女娲捏泥造人等。

## ◎盘古开天地

据三国时期《三五历纪》记载，远古的时候天地混在一起，就像一个蛋一样，这之中孕育了盘古；过了18 000年，盘古醒来，用巨斧劈开了混沌，轻而清的部分上升，形成了天，重而浊的部分下沉，形成了地，从此天、地形成。

盘古站在天地中间，不让天地重合在一起。天每日都在增高，地每日都在增厚，盘古也随之增高。这样又过了18 000年，天变得极高，

▲盘古开天地图

地变得极厚，天地之间相距 9 万里。

盘古死后，呼吸变成了风云，声音变成了雷霆，眼睛变成了日月，四肢和躯体变成了三山五岳，血液变成了江河，毛发变成了星辰，肌肤变成了田地，泪水变成了甘霖雨露滋润着大地，身上的虫子也变成了飞鸟走兽。

## ◎女娲捏泥造人

在盘古开天地之后，世间有了日月星辰，有了鸟兽鱼虫，可是单单没有人类。女娲作为世间的女神，人首蛇尾，一天中有 70 种变化，她走在茫茫原野上，感觉十分寂寥，觉得天地之间应该再加一些什么，于是走到一条河边，用河边的黄泥捏成了跟自己样子差不多的人偶，只是这个人偶没有蛇尾，取而代之的是双腿。

在捏好之后，女娲用神力赋予了他生命，并叫他“人”。之后又一个接一个地捏起来，不久人类就遍布天地间了。

▲女娲造人图

## ◎上帝创造世界

相比中国古老的生命传说，在国外的神话传说中，对于人类的起源有着不同的解释。西方国家认为人类甚至于整个世界都是上帝创造的，在《圣经》中也有这样的描述。

文艺复兴时期著名的意大利画家米开朗基罗·博那罗蒂（Michelangelo Buonarroti，1475 年 3 月 6 日—1564 年 2 月 18 日）根据《圣经》中的描写在罗马西斯廷礼拜堂的大厅天顶上创作了经典画作《创世纪》。

▼ 经典画作《创世纪》

《创世纪》分为3部分，即上帝创造世界、人间的堕落、不应有的牺牲。

根据《圣经》上的记载，上帝在6天创造了世界万物，第一天分开了宇宙中的光与暗；第二天造出了空气，并将水分成了天上的水与地下的水；第三天创造了陆地和植物；第四天创造了日月星辰，区分了昼夜；第五天创造了飞鸟和鱼类；第六天创造了野兽、昆虫和人类。

## ◎科学论断——生物进化论

在相当长的时间里，西方人民一直认为是上帝创造了人类，直到达尔文出现，他勇于挑战上帝创世论并提出震惊世界的生物进化论，并创作了生物学史上的经典著作《物种起源》，以全新的进化思想推翻了上帝造人的传说和物种是一成不变的理论。

达尔文全名查尔斯·罗伯特·达尔文，1809年出生，英国著名的生物学家、博物学家。他毕业于剑桥大学，曾经有过为期5年的环球航行经历，对地质结构和动植物都做了大量的样品采集与观察，提出了生物进化论学说，是进化论的奠基人，并出版了《物种起源》一书。新学说的提出对上帝造人提出质疑，摧毁了唯心主义的神创论和物种不变论。

▲查尔斯·罗伯特·达尔文

达尔文曾在1853年获得英国皇家奖章，1859年和1864年分别获得沃拉斯顿奖章和科普利奖章。

除了生物学以外，达尔文在人类学、心理学、哲学领域的理论都有不容忽视的影响。恩格斯将“进化论”列为19世纪自然科学的三大发现之一（其他两个是细胞学说、能量守恒定律），达尔文对人类认识自然有杰出的贡献。

生物进化理论认为：所有的生物都不是上帝创造的，而是生物在自然界中不断争斗，不断适应环境变化的结果，能适应环境的生物就能生存下来，无法适应环境的则被自然界淘汰。

这就是自然选择的规律，即“物竞天择，适者生存”。生物也正是通过遗传、变异、生存斗争和自然选择，由简单到复杂，由低等到高等不断进化的。

达尔文在《物种起源》一书中认为所有的生物都是通过较早期、较原始的形式演变而成的；另外他认为生物演化是通过大自然选择的方式来进行的。

达尔文认为生物会根据环境变化，做出适应环境的调整。能适应环境变化的生物才能生存下来，无法适应的都被大自然淘汰。而生物

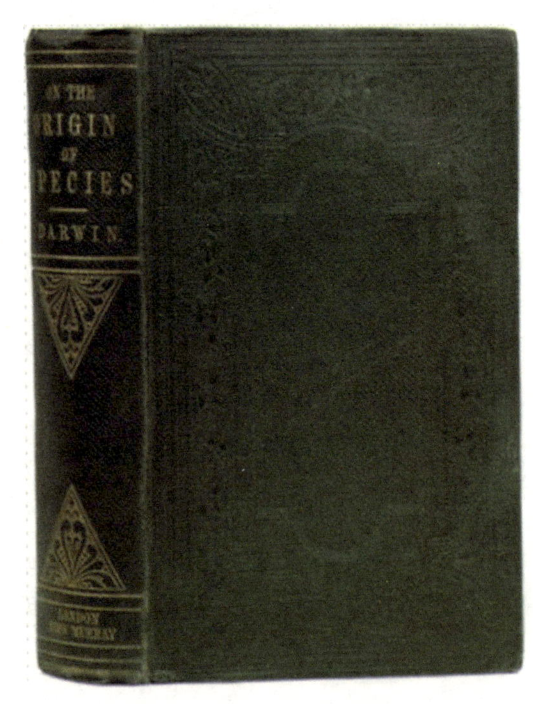

▲《物种起源》

在适应自然变化的改变所经历的时间是很长的，并不是在环境变化后立刻就能做出反应。

达尔文认为同一类生物是由共同的祖先进化而来的，例如对哺乳类动物追根溯源，定会找到同一个祖先。

随着生物的繁殖，种群数量也会不断增大，但由于自然界食物供应和生活场所的限制，自然会引起生物间的竞争。只有能适应环境才能生存下去，并繁衍后代。

从达尔文提出生物进化论之后，科学家也在不断地修改和完善，直到现代的“化学进化论”科学系统地解释了生命的由来：生命是由无机物到简单有机物，再到复杂有机物，最终形成原始细胞的过程。

## 3.2 生物的分类

原始生命诞生的过程十分复杂。在探索生命起源过程之前，要先来了解一下生物的分类，这样才能根据不同物种的独有特征进行研究。

科学家们将生物按照界、门、纲、目、科、属、种进行分类。像大熊猫、熊、老虎还有人类都属于动物界，像树木、花草都属于植物界，像我们喜欢吃的木耳、蘑菇之类属于真菌界，还有一些肉眼一般看不见的微生物则属于原核生物界和原生生物界。

动物
鸟类
哺乳类
被子植物
爬行类
植物
裸子植物
两栖类
鱼类
蕨类
节肢动物
苔藓
棘皮动物
软体动物
菌类
环节动物
腔肠动物
扁形动物
藻类
微生物
原生动物
细菌
蓝细菌

▲生物进化与分类图

## ◎动物分类

动物分为脊椎动物和无脊椎动物。脊椎动物又分为鱼类、两栖类、爬行类、鸟类和哺乳类；无脊椎动物又分为腔肠动物、软体动物、环节动物、棘皮动物和节肢动物等。

▲脊椎动物（爬行类）

爬行类由石炭纪末期的两栖类进化而来，体温不恒定，是真正适应陆栖生活的变温脊椎动物。蛇、蜥蜴等都属于爬行类动物。

哺乳类动物体温恒定，胎生，是脊椎动物中躯体结构和功能行为最复杂的高级动物群类，因为能从乳腺分泌乳汁来给幼体哺乳而得名。像大熊猫、袋鼠、兔子等动物甚至我们人类自身都是哺乳类动物。

▲脊椎动物（哺乳类）

棘皮类是无脊椎动物中进化度很高的类群，现存种类6000多种，但化石种类多达20 000多种。沿海常见的海星、海参、海胆都属于棘皮动物。

◀无脊椎动物（棘皮类）

▶无脊椎动物（节肢类）

节肢类是动物界最大的一个门类，全世界现存120多万种，生活环境极其广泛，无论海水、淡水，还是土壤和天空中，都有节肢动物存在。人们熟知的虾、蟹、蚊、蝇、蜈蚣，以及已经灭绝的三叶虫都属于节肢动物。

## ◎植物分类

植物分为藻类植物、苔藓植物、蕨类植物和种子植物，其中种子植物又分为裸子植物和被子植物。裸子植物发展悠久，由蕨类植物演化而来，它们的种子由于不被果皮包被而裸露在外。被子植物是当今世界植物中进化程度最高、种类最多、分布最广的类群，占植物界总数的一半以上。被子植物与裸子植物最大的区别就是被子植物的种子包被在果皮之中，而裸子植物的种子裸露在外。典型的裸子植物有银杏、铁树，被子植物有苹果树、桃树等。

▲蕨类植物

▲裸子植物

▲被子植物

◎微生物分类

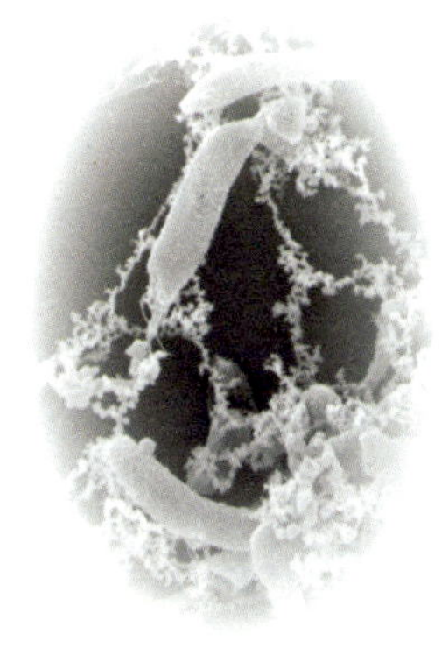
▲嗜盐古菌

微生物包括细菌、真菌、病毒以及一些小型原生生物等难以用肉眼观察到的一切生物。典型的细菌比如会引起感染的金黄色葡萄球菌和对人类无害的乳酸菌等，真菌如各种酵母菌、霉菌等。病毒种类也是多种多样的，比如烟草花叶病毒，以细菌为宿主的噬菌体，还有狂犬病毒等。

## 3.3 生命起源的必要条件

原始生命的诞生是由地球外部和内部两方面因素共同决定的。

外部因素主要是与太阳的距离有关，这种距离使得地球所受到太阳的光、引力条件都十分适合生命的诞生。

与此同时，地球还有一个重要的伙伴——月球，月球的引力影响着地球的潮汐，为地球上海洋生命提供特殊的条件。

有了充足的外部条件还不够，想要孕育生命，还得需要有以下3个内部因素。

条件一：需要孕育生命的场所，生命诞生需要液态水，也就是原始海洋。

条件二：需要有充足的能源，比如大气放电、火山喷发或者小行星撞击地球等。

条件三：需要有充分的物质基础，碳、氢、氧、氮、磷、硫等元素缺一不可。这些元素也是组成生命体的必需元素。

▲原始生命起源图

## 生命起源的艰难历程

46 亿年前地球形成以后，当时的自然环境与现在自然界祥和的景象完全不同。原始地球上毫无生机，天空中电闪雷鸣，地面上火山爆发。此时地球的原始大气中有的只是甲烷、氢气、氮气等无机气体，随着时间的推移，原始大气中的无机小分子受到外界条件的催化，逐渐产生了氨基酸、氢氰酸、醇等有机小分子，为生命的起源提供了先决条件。

随着地球的冷却，大气中的水蒸气逐渐凝结成水滴，变成滂沱大雨，将产生的有机小分子冲刷到原始的海洋中。它们在原始海洋中长期积累，相互作用，在漫长的时间里通过缩合作用逐渐形成了蛋白质和核酸等有机大分子。

蛋白质、核酸等有机大分子在原始海洋中又经过漫长的演化，逐渐浓缩聚集为小球状的团聚体，并逐渐向细胞形态演化，最终形成最早的细胞。

最早的生命出现于约 38 亿年前，生命从无到有的这一过程整整持续了约 8 亿年之久。地球上最早的一批细胞的诞生，也宣告了地球上生命的起源。从此，地球就充满了生机与活力，开启了生命的神秘进化之旅。

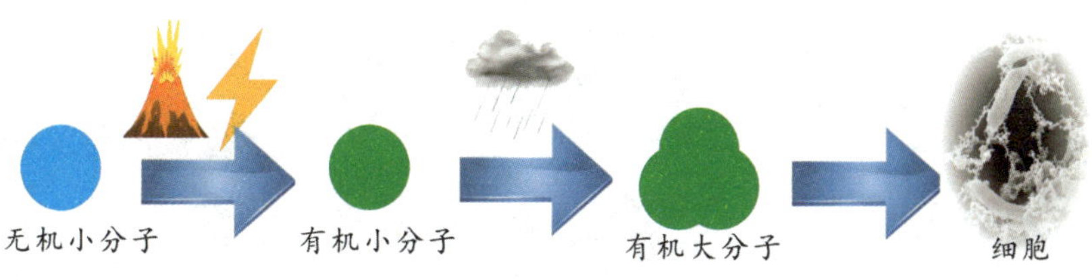


▲原始生命形成历程

# 4 生命的演化历程

了解了地球上生命的起源，那么地球上的生命又是如何从一个小小的细胞“变”成现在多种多样的生命的？让我们再一次跟随时间的脚步，见证生命的兴衰、发展和进化！

# 4.1 生命的初现与灭绝

回顾生命的发展历程，有生命的爆发，也有生命的灭绝，整个历程跌宕起伏。如果把从地球诞生的46亿年前至今看作一天24小时的话，我们可以直观地看到整个地球发展的来龙去脉。

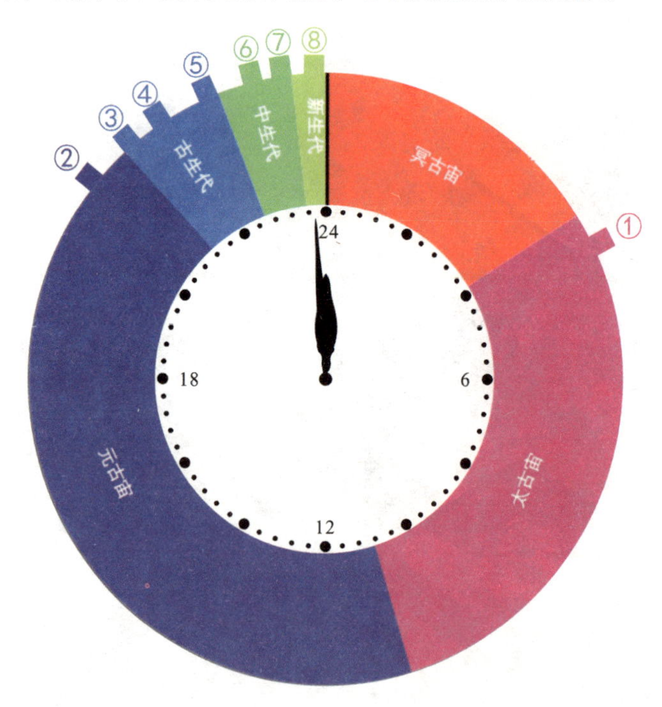


① 凌晨5点：生命起源
② 20点50分：埃迪卡拉动物群出现
③ 21点15分：寒武纪生命大爆发
④ 22点：脊椎动物登陆成功
⑤ 22点40分：二叠纪生命大灭绝
⑥ 22点40分到23点12分：恐龙、哺乳动物开始出现
⑦ 23点37分：恐龙大灭绝
⑧ 23点57分：人类出现

▲生命演化钟表图

### ◎凌晨5点：生命起源

我们将46亿年前地球的诞生看作一天的开始，从地球诞生到38亿年前这段时间地球一直处于原始地球阶段，毫无生机。地球的这段历史被称为冥古宙。直到38亿年前，地球进入了太古宙阶段。

太古宙从38亿年前一直到25亿年前，这一时期地球属高温气候，火山活动强烈，太阳辐射强，在38亿年前地球上首次出现了原始生命。在24小时的历史中，生命出现在凌晨5点。

### ◎20点50分：埃迪卡拉动物群出现

▲埃迪卡拉动物群中的狄更逊水母

到了25亿年前，地球进入到元古宙阶段。这一时期，地球火山活动减少，气温开始降低，海洋面积增加。到了21亿年前左右，真核生物开始出现。到了5.8亿年前左右，多细胞的埃迪卡拉动物群出现，相当于20点50分。

科学家们将冥古宙、太古宙、元古宙统一称为前寒武纪。

### ◎21点15分：寒武纪生命大爆发

到了5.41亿年前，地球进入古生代，结束于2.51亿年前，相当于21点15分开始，到22点30分结束。古生代又细分为寒武纪、奥陶纪、志留纪、泥盆纪、石炭纪和二叠纪。

寒武纪（5.41亿年前—4.85亿年前），相当于21点15分，发生生命大爆发，海洋生物呈井喷式出现，三叶虫、抚仙湖虫等海洋生物称霸海洋。

▲抚仙湖虫化石

奥陶纪（4.85 亿年前—4.44 亿年前），即 21 点 20 分到 21 点 41 分，这 21 分钟是无脊椎动物的全盛期，气候温暖，海洋面积继续扩大，笔石广泛分布。

▲笔石化石

21 点 41 分，地球上发生了第一次生物大灭绝，即奥陶纪末生物大灭绝。这次灭绝是因为奥陶纪末期发生了一次规模较大的冰期，由于气候变冷和海平面下降，生活在水体中的 85%的无脊椎动物灭绝。

▲志留纪裸蕨植物

志留纪 (4.44 亿年前—4.19 亿年前)，即 21 点 41 分到 21 点 50 分，裸蕨和陆生节肢动物出现。

## ◎ 22 点：脊椎动物登陆成功

泥盆纪 (4.19 亿年前—3.59 亿年前)，即 21 点 50 分到 22 点 5 分，这 15 分钟是鱼类的全盛时期，并出现了很多新物种。22 点，海洋脊椎动物登陆成功，两栖类动物、无翅昆虫开始出现。

▲早期两栖动物

泥盆纪末即 22 点 3 分，第二次生物大灭绝发生，海洋生物遭受灭顶之灾，同样也是因为气候变冷和海洋面积减小，邓氏鱼、艾登堡母鱼等全部灭绝。

▲邓氏鱼

石炭纪 (3.59 亿年前—2.99 亿年前)，即 22 点 5 分到 22 点 28 分，这 23 分钟是两栖类动物的全盛期，巨型有翅昆虫开始出现，气候温和潮湿，造山运动频繁。

▲泥盆纪沟鳞鱼

二叠纪 (2.99 亿年前—2.52 亿年前)，即 22 点 28 分到 22 点 40 分，这段时间内，爬行动物迅速发展，兽孔目、盘龙目动物出现。

▲石炭纪巨型昆虫

▲盘龙目动物

## ◎ 22 点 40 分：二叠纪生命大灭绝

二叠纪末即 22 点 40 分，第三次生物大灭绝发生。此次大灭绝也是地球历史上规模最大的一次，超过 96%的生物灭绝。三叶虫等远古海洋生物彻底消失，鹦鹉螺将海洋霸主的地位让给菊石，腕足类让位给双壳类，陆地上随着植物的更替，爬行动物不断进化，为恐龙的出现奠定了基础。

## ◎ 22 点 40 分到 23 点 12 分：恐龙、哺乳动物开始出现

2.52 亿年前—6600 万年前即 22 点 40 分到 23 点 37 分，地球处

于中生代，地球进入了恐龙的时代。中生代下面细分为三叠纪、侏罗纪和白垩纪。

▲贵州龙化石

三叠纪(2.52亿年前—2.01亿年前)，即22点40分到22点51分，恐龙出现了。22点51分，第四次生物大灭绝发生，大约有76%的生物在这次大灭绝中消失。灭绝生物以海洋生物为主，角鳄、波斯特鳄等大型鳄类也在此次大灭绝中消失。

▲异齿龙

▲哺乳动物(张和兽)

侏罗纪(2.01亿年前—1.45亿年前)，22点51分到23点12分，气候温和潮湿，这个时期是恐龙的全盛期，始祖鸟开始出现，同时张和兽的出现象征着哺乳动物开始登上舞台。

## ◎ 23点37分：恐龙大灭绝

白垩纪(1.45亿年前—6600万年前)，23点12分到23点37分，恐龙依然繁盛。地球温度下降，地壳运动增强，内陆海及沼泽增

▲始祖鸟复原图

多，开花植物出现。

▲霸王龙

6600万年前，即23点37分，地球发生了第五次生物大灭绝。有75%～80%的物种灭绝，这次大灭绝事件也最为著名。恐龙在极短的时间内消失殆尽，恐龙灭亡的原因也成了至今悬而未决的难题。但是，恐龙的灭亡为哺乳动物的称霸提供了契机。

### ◎ 23点57分：人类出现

第五次生物大灭绝后，地球进入新生代，被子植物繁盛，灵长类动物出现。700万年前，即23点57分，人类登上了历史舞台。在24小时的地球历史中，人类在最后3分钟才登场。

▲灵长类动物

▲被子植物

## 4.2 前寒武纪生物界（距今46亿年—5.41亿年）

地球上第一批原核生物出现后，只具有简单的细胞形态，包括古细菌类和真细菌类，如厌氧的产甲烷古菌等。

在那个时候，地球上空旷荒芜，大气中没有氧气，也没有能遮挡紫外线的臭氧层。原核单细胞生物从原始海洋中获取能量，但是

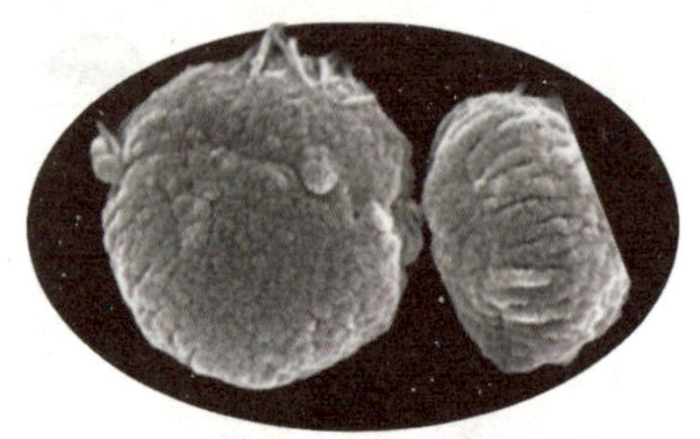

▲厌氧的产甲烷古菌细胞

资源总是稀缺的，因此一些原核细胞为了适应环境，进化出了能将光能转化为自身的化学能并能释放出氧气的功能，也就是与现代的植物相同的功能——光合作用。

最早具有光合作用的原核生物蓝细菌在原始海洋中大量繁殖，不断释放氧气，使得地球形成了一个大氧化时代，在距今21亿年前，真核细胞登上了历史的舞台。

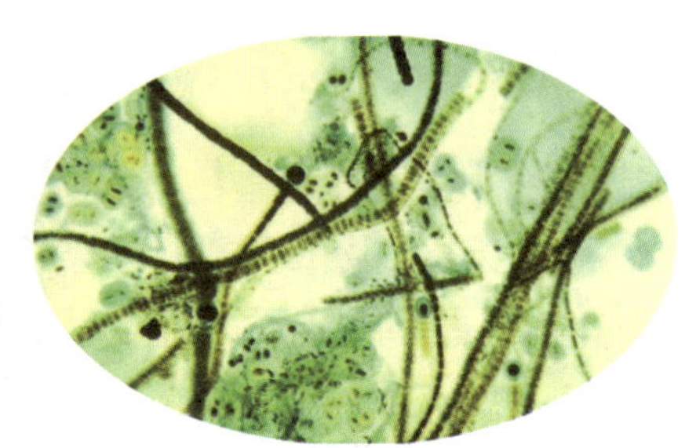

▲具有光合作用的蓝细菌

如果说从不具有生命结构的化学分子发展到具有细胞形态的生命是生命演变过程的开端，那么从厌氧的原核生物到好氧的真核生物则是生命演化进程的第一个里程碑，它开启了通向复杂、高等生物的演化之路。

在有了氧气的情况下，生命的多样性得到了迅速发展，真核生物也由单细胞向多细胞方向演化。

▲蓝田生物群中藻类化石

然而，那时地球上的生命仍局限在原始海洋中。由于活跃的地壳运动，大量的有机质被运移到地球表面，大气中的氧气被大量消耗，这使得生命演化萎靡了很长时期。

距今约6.35亿年前，最早的多细

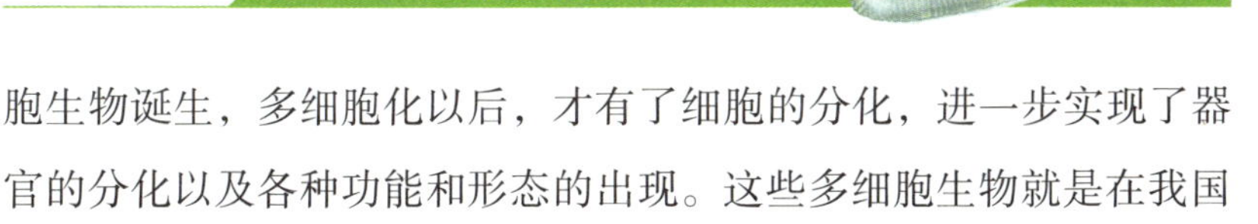

胞生物诞生，多细胞化以后，才有了细胞的分化，进一步实现了器官的分化以及各种功能和形态的出现。这些多细胞生物就是在我国安徽省休宁县蓝田镇发现的蓝田生物群，它们底栖固着在较深的水下生活。

到了5.8亿年前，出现了一些奇怪的多细胞动物群，它们主要是一群身体扁平且呈辐射对称的软躯体的生物。这类动物化石群中包括腔肠动物、环节动物等，在距今5.8亿年前到5.4亿年前的时间里，该动物化石群在世界各地广泛分布，也说明了该动物群是当时海洋的统治者。

与现代大多数动物不同，多细胞动物群中的动物大多没有眼睛等器官，也不能运动，不过它们都有较大的体型和柔软的身体，依靠周围水环境中的营养来生存。这就是1947年在澳大利亚发现的当时最古老的动物化石群，被称为埃迪卡拉动物群。

埃迪卡拉动物群也并没有能在历史的长河里畅游太久，只经历了几百万年就灭绝了，成为历史长河里的过客。在埃迪卡拉动物群中，查恩盘虫和狄更逊水母最为典型。

查恩盘虫生活在距今5.7亿年前，形状像连在圆盘上的羽毛，直立在水里。查恩盘虫的身体中部有一个叶状物，长20~30厘米，从中心轴上长出许多呈角度、向外排列而且间距很密的互生羽枝，每枝又细分出大约15个横向槽。底部的基盘附着在海底，靠滤食水中的营养物质为生。

▲查恩盘虫复原图

狄更逊水母也是埃迪卡拉动物群的

典型动物，距今 5.6 亿年，最大体长 1 米有余，身体较薄，靠吸收周围的养分为生。

▲狄更逊水母复原图

##  早古生代生物界（距今 5.41 亿年—4.19 亿年）

早古生代包括寒武纪、奥陶纪和志留纪 3 个阶段，是地球演化历史上海洋面积最大的时期。

### ◎寒武纪：生命大爆发

在生命诞生之后的这 30 亿年里，各种生命在沉默中进化，但是也并没有很大起色。到了距今 5.41 亿年前的寒武纪时，生物界不甘于继续再默默地进化，而是出现了一次生命大爆发。

▼澄江动物群复原景象

从低等的海绵动物到高等的脊椎动物，现代海洋生物门类的祖先几乎同时涌现了出来。我国云南省澄江县发现的澄江动物化石群和湖北省清江发现的清江生物群都为这场生命大爆发提供了确凿的证据。生物界经过这次生命大爆发式的发展，才真正进入到了突飞猛进的进化时代。

▲奇虾复原图

清江生物群中共发现了 4351 件标本，新发现属种占总量的 53%，无论是新属种比例还是物种多样性比例，都远超现今发现的其他地点的同类型化石库。而在另一个澄江动物群化石中，特别引人关注的就是奇虾化石。它在寒武纪时存在的时间很短，却是寒武纪中体型最大的食肉性动物，位于当时食物链的顶端。

▼澄江动物群也是我国第一个化石类自然文化遗产

为什么说奇虾引人关注呢？原因就在于这样的一个海洋霸主，它却在1亿年都不到的时间里就神秘消失了，灭绝的原因至今依然是一个未解之谜，科学家也只能猜测是大约到了4.4亿年前，其他动物也发展得越来越大，奇虾的体型优势逐渐丧失，没有了足够的食物来满足它的生存需求，也就慢慢地灭绝了。

在整个早古生代，无脊椎动物的各门类都获得突飞猛进的发展，

其中最繁盛的是三叶虫、笔石、头足类、腕足类、珊瑚等。因此，早古生代又称海洋无脊椎动物的时代。

三叶虫最早出现于距今5.2亿年前的寒武纪早期，到寒武纪晚期发展得最为繁盛，因此，寒武纪也被称为三叶虫的时代。

为什么寒武纪又被称为是三叶虫的时代呢？

三叶虫具有很强的适应环境的生存方式。它们并不遵循着单一的生活模式，有的三叶虫喜欢游泳，有的喜欢在水面上漂浮，有的喜欢在海底爬行，还有的习惯于钻在泥沙中生活，它们占据了不同的生态空间，因此，寒武纪的海洋成了三叶虫的世界。

在我国的澄江动物群化石中也发现了生活在寒武纪早期的脊椎动物——无颌类鱼形动物。该发现打破了之前无颌鱼是从奥陶纪才出现的认知，我国发现的昆明鱼和海口鱼化石是迄今所知最早的脊椎动物。

▲第一批鱼形动物复原图

昆明鱼外观与现今的盲鳗纲类似，高0.61厘米，长约2.8厘米，属于无硬骨骼的无颌鱼类，体内似乎有由软骨构成的脊椎及头颅骨，头部和躯干区别明显，并有背鳍和腹鳍，像帆一样控制身体平衡。头上有5个或6个半鳃的腮囊。身体分为25节，有脊索、食道及消化道至身体末端，口部不明显。

目前昆明鱼只有一个物种，即丰娇昆明鱼。在发现昆明鱼的同一地层中，也发现了与它相似的海口鱼。

海口鱼是一种原始的无颌鱼类，与昆明鱼类似，目前也只发现了一个物种，即耳材村海口鱼。

海口鱼有明显的头部和躯干，身体结构接近于现存的七腮鱼，头部有 6 ～ 9 片腮，躯干上有明显的背鳍和腹鳍，背鳍指向头部。

昆明鱼和海口鱼的发现，不仅将脊椎动物的出现提前了 2000 万年，并且为探讨脊椎动物起源提供了关键证据。我国发现的最古老的脊椎动物昆明鱼和海口鱼恰巧证明我国南方很可能是整个脊椎动物演化的起源地。

▲昆明鱼化石

▲海口鱼化石

## ◎奥陶纪：海洋生物空前发展

奥陶纪始于4.85亿年前，延续了4160万年，是地球历史时期中海洋分布最广泛的时期。该时期存在着比寒武纪更为繁盛的海洋动物，因而出现了更多现代海洋生物的祖先。笔石、腕足类、海百合等也进一步发展，海洋中三叶虫的霸主地位也被凶猛的鹦鹉螺夺取。

但是到了距今约4.4亿年前的奥陶纪末期，全球气候骤变，大量的冰川使大气环流和洋流变冷，整个地球进入大冰期，温度下降，海平面降低，原先丰富的沿海生态系统被破坏，导致了 85% 的物种灭绝。

当时的海洋霸主鹦鹉螺并没有在此次大灭绝事件中灭绝，并一直延存至今，被称为海洋中的“活化石”。在经历了地球数亿年的演变之后，鹦鹉螺早已不再是海洋中的霸主，现在已经是濒临灭绝的保护动物，种类也已经从 4.5 亿年前的 2500 多种缩减为现在仅存的 6 种，被列为我国一级保护动物。

▲直壳鹦鹉螺复原图

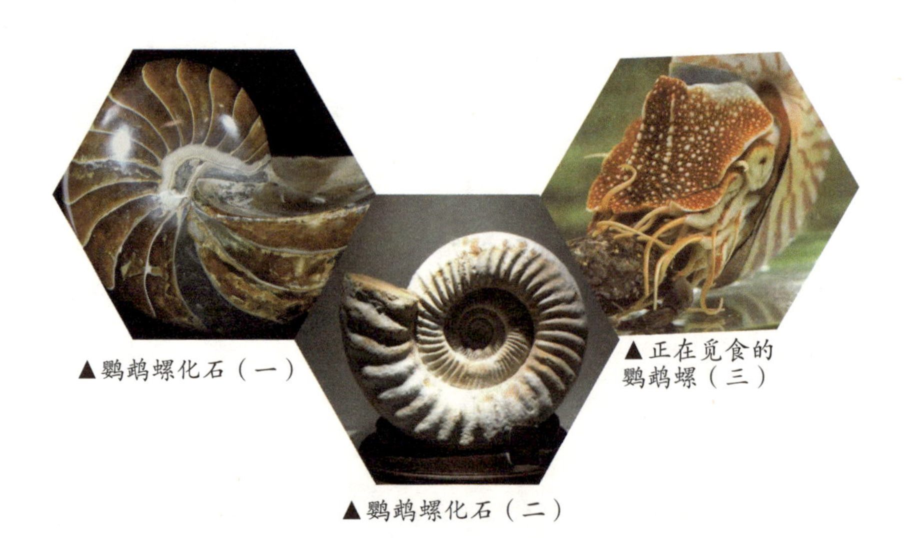

▲鹦鹉螺化石（一）

▲鹦鹉螺化石（二）

▲正在觅食的鹦鹉螺（三）

## ◎志留纪：植物登陆之旅

为什么原始生命都是在海洋中，而我们现在是生活在陆地上呢？期间必定发生过一件巨大的事件，迫使生物离开海洋，征服陆地，这也是生命迁移史上一次最伟大的转折。

到了距今 4 亿多年前的志留纪，地壳运动强烈，海洋的面积大大减少，大陆面积不断增加。随着藻类中的绿藻进化为原蕨植物，植物开始抢滩登陆。登陆的先驱者叫作顶囊蕨，高度不足 1 米。

随着植物界登陆成功，原本荒凉的陆地如同披上了绿装。同时，植物的成功登陆也为后来动物的登陆创造了条件，所谓“兵马未动，粮草先行”，同时蜘蛛也在志留纪末期出现。

志留纪中的无脊椎动物在经历了奥陶纪末期的大灭绝事件后进入一个新的复苏阶段。海洋中三叶虫开始衰退，腕足类、海百合等大量出现。脊椎动物中，无颌鱼类进一步发展，有颌鱼类开始出现，为泥盆纪鱼类大发展奠定了基础。

▼植物登陆成功

##  晚古生代生物界（距今4.19亿年—2.52亿年）

晚古生代包括泥盆纪、石炭纪和二叠纪3个阶段。该时期陆地面积扩大，气候分带日益显著。陆生生物大发展，生物界呈现出植物、脊椎动物和无脊椎动物三足鼎立的全新面貌。

### ◎泥盆纪：鱼类大繁荣

泥盆纪开始于4.19亿年前，到3.59亿年结束，持续了大约6000万年。泥盆纪时地球的古地理地貌比起早古生代来说有了较大的变化，陆地面积增多，气候温暖湿润，陆生植物达到繁盛，两栖

▼两栖动物登陆

动物开始出现，无脊椎动物种类较之前有了极大的改变。海洋中鱼类飞速发展，甲胄鱼、盾皮鱼、总鳍鱼等称霸海洋，因此泥盆纪也被称为“鱼类的时代”。

沟鳞鱼出现在3.9亿年前，灭绝于距今3.6亿年前，延续了3000万年左右。泥盆纪的海洋霸主为体型巨大的盾皮鱼，其中以邓氏鱼为典型代表。邓氏鱼被誉为海洋中的暴龙，它没有牙齿却咬合力惊人。盾皮鱼数量多，而存活时间又相对较短，坚硬的骨甲容易保存成化石，因此对于科学家们的研究也具有重要意义。

与早古生代相比，寒武纪遍布海洋的三叶虫只剩下很少一部分，软体动物则以鹦鹉螺为主要类群，奥陶纪与志留纪一直数量众多的笔石也变得寥寥无几。海洋无脊椎类群发生了巨大的变化。

到了3.7亿年前时，也发生了生物界的另一件“里程碑”式的事件：脊椎动物脱离海洋，向陆地进军了！

▼ 邓氏鱼复原图

登陆的过程首先由鱼进化为既可以在海洋中生存也可以在陆地中生存的两栖动物，代表着脊椎动物登陆成功；两栖动物接着再演变为爬行动物，代表着脊椎动物完全从海洋过渡到了陆地。

▲晚古生代两栖动物

现在我们回过头来想一想，如果没有它们的登陆，动物到现在也还是只能在海里活动，也就不可能有我们人类的出现。当下次我们再到博物馆中看到它们的化石时，也要对它们抱有一种敬畏之心。

到了泥盆纪末期，海底岩浆爆发，导致海水温度大幅度升高，海水中许多无法耐高温的动植物死亡，同时岩浆也使海水酸化，使得大量海洋生物缺氧死亡。

随着植物的腐化，一些腐烂的物质被冲刷到海洋中，这为海洋中的藻类提供了丰富的营养物质，使得藻类发生了爆炸式的增长，就像现今社会湖泊中发生富营养化那样。藻类的爆发使得海洋中的缺氧状态更加严重，很多大型鱼类都因为缺氧遭到重创。

在遭受了一系列的重创之后，地球对生物的打击远远没有结束，陆地上的火山也一个接一个地开始喷发，火山灰遮天蔽日，使得地球无法获得太阳的滋养，温度迅速下降，地球从而进入严重的冰期事件中。刚从高温下活下来的生物很多无法适应低温，同时低温也导致冰川形成，海平面下降，这对海洋生物来说无疑又是雪上加霜。

这也是生命进化史中第二次生命大灭绝，此次大灭绝持续时间最长，海洋生物受到严重打击，78% 的海洋生物就此灭绝，包括当时的海洋霸主盾皮鱼在内的多种大型鱼类消失殆尽。

存活下来的陆地植物通过光合作用向大气中不断地输送氧气，使得地球恢复了往日的生机，海洋生物的成功登陆也是地球生命进化史上的一个丰碑。随着此次大灭绝的结束，地球也进入了新的时代。

### ◎石炭纪：森林和巨虫的时代

石炭纪始于 3.6 亿年前，延续了 6000 万年。植物在晚古生代登陆后迅速发展，原蕨植物很快广布全球，成为地球史上首次由陆生植物成煤的物质来源。因此，晚古生代又称为蕨类植物的时代，也形成了地球上最早的森林。

▼蕨类植物复原图

▲石炭纪蕨类植物化石

石炭纪又被称为“巨虫的时代”，由于这一时期森林广泛发育，大气含氧量不断增高，昆虫也生长得十分巨大。在脊椎动物缓慢登陆的时候，昆虫就已经成为了天空中的霸主，巨脉蜻蜓就是其中之一。

▲巨脉蜻蜓化石

巨脉蜻蜓是原蜻蜓家族的一种，双翼展开可达 75 厘米，远大于现在的蜻蜓。

我们都知道，节肢动物

▼巨脉蜻蜓复原图

的体型一般不会太大，因为它们呼吸管的延长会消耗更多的氧气。那为什么巨脉蜻蜓如此巨大呢？

正如之前所说，石炭纪植物广泛发育，光合作用使得大气中氧浓度比现在高得多。这也就导致了节肢动物无需顾忌氧含量来限制自身的体型。

那么天空的霸主巨脉蜻蜓如此巨大的身躯，在当时也没有什么天敌，又是什么导致了它的灭亡呢？

科学家们猜测它们灭亡的原因同样也与它这巨大的体型有关，由于气候的变化，环境中的氧含量大幅降低，环境中的氧气不足以支撑如此巨大躯体的消耗，因此巨脉蜻蜓也难逃灭亡的命运。

## ◎二叠纪：生命的灭绝与复苏

二叠纪始于2.99亿年前，到2.52亿年前结束，共经历了4700多万年。在这一时期，地球上的地壳运动比较活跃，所有的大陆聚集成一整块大陆(盘古大陆)，陆地面积进一步扩大，海洋面积缩小，自然地理环境发生变化，促进了生物界的重要演化。

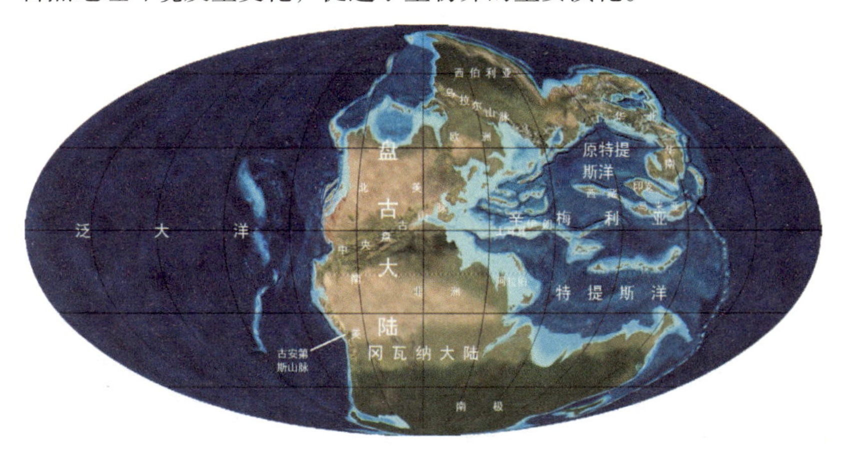


▲盘古大陆

▲兽孔目

▲杯龙目

▲苏铁

二叠纪也是生物界的重要演化时期。无脊椎动物中腕足类和双壳类有了新的发展；脊椎动物空前发展，两栖类动物进一步繁盛，爬行类动物也逐渐发展，爬行动物中的杯龙目、盘龙目和兽孔目作为现代爬行类、哺乳类的祖先也有广泛分布。植物也依然以蕨类植物为主，到了二叠纪晚期出现银杏、苏铁等裸子植物，渐渐地呈现出中生代的面貌。

## ◇科普小课堂——二叠纪大灭绝猜想◇

在距今 2.5 亿年前的二叠纪末期，地球上发生了有史以来最严重的生物大灭绝事件，估计地球上有 96% 的物种绝种，其中有 90% 的海洋生物和 70% 的陆地脊椎动物灭绝。四射珊瑚、横板珊瑚、䗴类、三叶虫全部灭绝，腕足类也只剩少数。这次大灭绝使得占领海洋近 3 亿年的主要生物从此衰败并消失，让位于新生物种，生态系统也进行了一次彻底的更新，为恐龙等爬行类动物的进化铺平了道路。

关于二叠纪大灭绝的原因，至今科学家们都还没有定论，但是已经提出了陨石撞击、气候变化、火山活动等很多理论假设，同时也认为不排除这几种假设同时发生的可能。

### 假设一：陨石撞击

有些科学家认为二叠纪生物大灭绝是由于陨石或者小行星的撞击，全球产生了一种毁灭性的冲击波，导致气候的改变和生物的死亡。

## 假设二：气候变化

有些科学家认为，气候变化是导致二叠纪生物大灭绝的主要原因。科学家研究当时的岩石发现，在二叠纪末期发生过多次极端高温事件，且气候十分干旱。严重的温室效应使大部分生物无法适应，海平面上升也导致大量陆地生物失去了生存空间。海洋中大量甲烷水合物释放，导致海水缺氧，使得海洋生物也无法生存，进而引起生物大灭绝。

## 假设三：火山活动

也有科学家认为频繁的火山活动是引起二叠纪生物大灭绝的主要原因之一。科学家认为火山喷发会喷出大量温室气体和火山尘埃，进入大气层后，使得动物窒息而死，同时大量的温室气体释放到大气层中，引发全球温度上升，导致海平面上升。海底的火山喷发后同样会导致海洋缺氧，造成生物死亡。

有关二叠纪生物大灭绝的假设还有很多，这次大灭绝也是地球演化史上最为严重的一次，同时也是最有历史意义的一次。科学界普遍认为，此次大灭绝是地球历史从古生代向中生代转折的里程碑。在这次重大灭绝之后，地球上的物种从此更新换代，向着更高级、适应能力更强的方向不断发展、进化。

##  中生代生物界（距今2.52亿年—6600万年）

中生代包括三叠纪、侏罗纪和白垩纪3个阶段。在这个时期，最为著名的生物无疑就是包括恐龙在内的爬行动物了。恐龙在三叠纪中期开始出现，灭绝于6600万年前。因此，中生代又被称为爬行动物的时代或恐龙的时代。

▲鱼龙

### ◎三叠纪：恐龙的出现

三叠纪是中生代的第一阶段，始于2.52亿年前，结束于2.01亿年前，延续了约5000万年。在这一时期，地球上气候炎热干燥，银杏、苏铁等裸子植物逐渐开始发展起来，海生爬行动物在这一时期首次出现，为了更好地适应水中的生活，它们的躯体呈流线型，四肢也逐渐变为鳍。第一批鱼龙也正是在这个时期出现的。

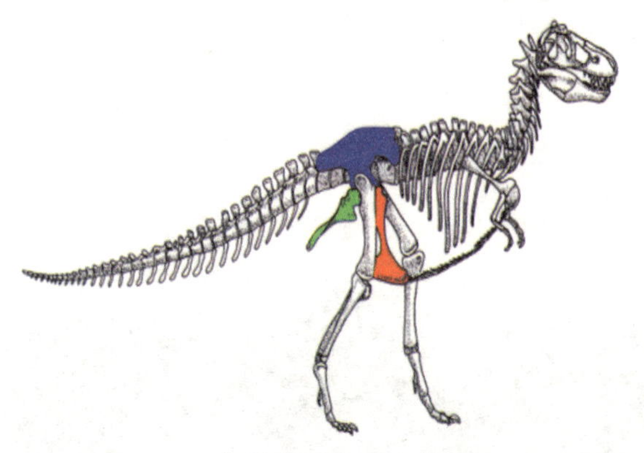

▲蜥臀类恐龙

在三叠纪中期，

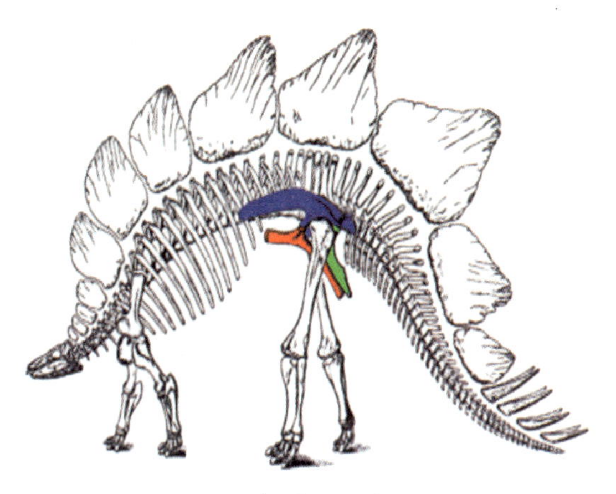
▲鸟臀类恐龙

恐龙和最原始的哺乳动物相继出现。恐龙主要有两个类型：古老的蜥臀类和进化程度较高的鸟臀类。

始盗龙是最原始的恐龙，出现于2.3亿年前。始盗龙体长只有1米，头骨仅有12厘米，它的后肢很粗壮，前肢短小，靠两足行走。从外形上看，它细小的身材与我们想象中巨大的恐龙相去甚远。

▲始盗龙

三叠纪以一场生物大灭绝事件宣告开始，同样也以一场生物大灭绝事件作为结束。在三叠纪末的灭绝事件中，海洋中一半的属种灭绝，除鱼龙之外的所有海生爬行动物全部消失，所有的牙形动物也全部灭绝。

对于此次大灭绝的原因，至今尚无定论。一说是由于在2.13亿年前至2.08亿年前盘古大陆开始分裂，导致剧烈的火山运动，从而引起物种灭绝。另一种说法认为是全球气候变冷，导致海平面下降，从而使海洋生物受到重创。

这也是地球历史上第四次生命大灭绝事件。这次灭绝事件也为恐龙的发展提供了巨大的机会，并使恐龙在未来的1.35亿年中成为地球上的霸主。

## ◎侏罗纪：恐龙的繁盛

侏罗纪始于2.01亿年前，于1.45亿年前结束，延续了5600万年。在侏罗纪时期，地球上气候温暖湿润，恐龙在这一时期达到顶峰，出现了形形色色的种类。除恐龙外，翼龙类和始祖鸟也开始出现，无脊椎动物以头足类、双壳类、腹足类等软体动物为主，头足类中菊石在这一时期更是广布全球海洋，数量和种类都空前繁盛。

▲菊石化石

裸子植物空前发展，铁树、银杏和松柏类统治植物界。与此同时，在侏罗纪晚期，被子植物悄然出现。在我国辽宁发现了1.45亿年前的被子植物化石——辽宁古果化石，这也是迄今为止发现最早的被子植物化石。

▼银杏化石

▲铁树化石

▲辽宁古果化石

▲马门溪龙复原图

在侏罗纪晚期，除了恐龙外，恐龙的“亲戚”也发展得十分迅速，比如陆地爬行动物乌龟、海生爬行动物鱼龙和飞行爬行动物翼龙等。

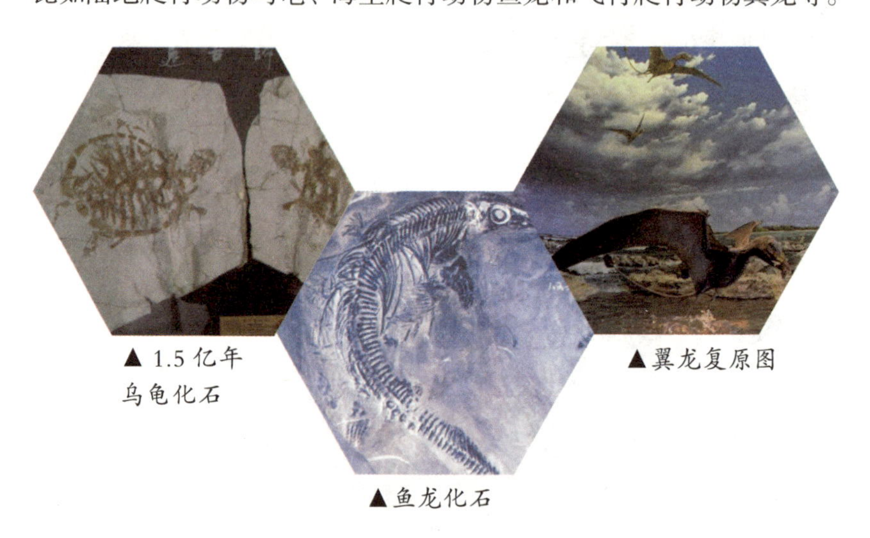

▲1.5亿年乌龟化石

▲翼龙复原图

▲鱼龙化石

侏罗纪虽然是恐龙称霸的时代，但是哺乳动物也在慢慢发展，在我国辽宁省西部发现了侏罗纪晚期的哺乳动物化石——张和兽化石。

▲张和兽化石

▲张和兽复原图

## ◎白垩纪：恐龙时代的终结

白垩纪是中生代的最后一个阶段，始于1.45亿年，结束于6600万年前，其间经历了近8000万年。白垩纪早期地球依然是恐龙的乐园，霸王龙在陆地上称王称霸，海洋中鱼龙、蛇颈龙、沧龙等平分秋色。无脊椎动物中，微体单细胞有孔虫异军突起，发展迅速。

▲蛇颈龙化石

提起霸王龙，大家的印象一定都是凶猛的、残暴的。霸王龙也确实是顶级掠食者，以植食性恐龙为食，是恐龙世界名副其实的“暴君”。

▲霸王龙复原图

到了6600万年前的白垩纪末期，地球上出现了最神秘的一次生命大灭绝，使得称霸了一亿多年的恐龙在“顷刻间”消失殆尽。这次大灭绝事件也使全球75%的物种烟消云散，主宰地球的恐龙家族全军覆没，同时消失的还有鱼龙、蛇颈龙、翼龙以及无脊椎动物菊石等。

## ◇科普小课堂——恐龙消失之谜◇

这次生命大灭绝事件也是最广为人知的一次，那到底是什么原因导致在地球上称霸了一亿多年之久的恐龙世界顷刻间灭种的呢？

现在流行的认识是来自地外空间的小行星撞击学说和火山喷发学说。

▲撞击学说图

支持小行星撞击的科学家们推断，这次撞击爆炸的能量相当于地球上核武器总量爆炸的10 000倍，导致大量高密度尘埃进入大气中，使得阳光无法照射到地面，全球温度骤降，植物无法吸收太阳光进行光合作用，成片的植物死亡，导致食物链断裂，植食性恐龙因饥饿而死，肉食性恐龙因缺少食物而自相残杀，最终导致灭绝。

撞击假说最重要的证据是在白垩纪末期岩层中，发现的铱异常和冲击石英。因为这种异常高含量的铱元素在地球上是不可能形成的，因而只能是小行星从外太空带来的。冲击石英也是在高速撞击过程中才能形成。这样一次巨大的撞击，产生的陨石坑直径可以超过100千米，科学家也在不断寻找符合这一标准的陨石坑。

与小行星碰撞说相类似的还有美国科学家提出的“彗星碰撞说”，认为恐龙大灭绝事件不是由一颗陨石或者小行星造成的，而是大量的彗星雨撞击地球，形成了一个环绕地球的撞击带。大量的彗星撞击地球，导致地球气候和地质环境的改变，从而导致大规模生物的灭亡。

▲火山喷发学说图

而支持火山喷发学说的科学家们认为，在火山爆发时形成的火山尘埃和气体布满天空，尘埃一方面反射太阳光，另一方面促进了云层的形成，而云层对阳光有着更高的反射率，导致地球气温变冷，体型巨大的恐龙无法适应突变的环境，因而导致灭绝。

但是在这次生命大灭绝后，恐龙真的全都灭绝了吗？

其实不然。科学家们在热河生物群中发现了大量带羽毛的恐龙化石。这可能表明，小型兽脚类恐龙中有一支身披羽毛的恐龙，经过四翼恐龙的演化阶段，逐渐演化成了鸟类。

也就是说，恐龙虽然在第五次生命大灭绝事件中消失了，但是其中一类恐龙通过演变和进化，最终形成了现在的鸟类，它们翱翔在天空中，依然生存在我们人类的身边。

▲带羽毛的恐龙化石

▲带羽毛的恐龙化石复原图

# 新生代生物界（6600 万年前至今）

新生代包括古近纪、新近纪、第四纪 3 个阶段，当时地球上的海陆格局逐渐接近现代。

距今约 4000 万年前，南极洲成为独立的大陆，印度次大陆撞击欧亚大陆，形成了绵延千里的青藏高原，使得大陆出现了最大的陆表高度差。哺乳动物对新的环境能够更快地适应，从而取代爬行动物成为地球新的统治者。

也正是恐龙的灭亡，使得哺乳动物能如此迅猛的发展。哺乳动物中既有食草动物，也有凶悍的食肉动物，海洋中也出现了巨型的鲸

类，其庞大的体型没有任何脊椎动物能与其比肩。

▲剑齿虎化石

在哺乳动物的发展中，食肉类动物有剑齿虎等，食草类动物有三趾马和铲齿象。它们都曾繁盛一时，后来也都逐渐灭绝，成为地球演化史中的重要过客。

▲铲齿象化石

▲三趾马化石

新生代生物界总貌接近现代，哺乳类、鸟类、鱼类共同繁荣，爬行类大为衰落。在植物界，被子植物一统天下。

6600 万年来，被子植物迅速发展，是现代植物界中种类最多、形态结构复杂、分布极为广泛、生活习性多样的庞大类群，目前已知近 30 万种，真正成为了植物界的王者。

▲第四纪被子植物化石

这个时期是被子植物广泛发育的时代，也是鸟类和鱼类的时代。几千万年过去了，今天的鸟类已达 9000 多种，近 1500 亿只，遍布全球各地；鱼类中硬骨鱼类达到极盛，爬行类和两栖类迅速衰退，现已为数不多。

▲湖北江汉鱼化石

距今 5000 万年的湖北江汉鱼化石与现代海洋中的鱼类形态类似，身体结构接近。

▲现代海洋鱼类

在哺乳动物的发展过程中，灵

长类逐渐分化，猿类渐渐学会靠双脚行走，学会了使用工具，逐渐演变为高级哺乳动物，慢慢进化成现在的人类。

地球在经历了5次生物大灭绝之后，人类才有机会登上地球的舞台，才有了现在的生活。同时，地球漫长的生命演化史也告诉我们，生物在演化的历史长河中不可能有哪一种生物能够一直称霸，生物的发展总是一个由兴到衰再复兴的过程。

人类同样作为生物界中的进化成果，仅仅为地球中的一员，虽然现在主宰地球，但是却在不断地改造自然，肆意开采地球资源，毫无节制，妄图征服自然。现在人类对环境的污染，对动物的过度捕杀及植物的过度砍伐，使得地球上物种灭绝的速度提高了1000倍。

而随着物种的灭绝，物种多样性的降低势必会导致更多的生态系统的崩塌，一种物种的灭绝也可能引发物种灭绝的多米诺效应。

因此，如果人类再继续如此不重视其他物种，继续肆意妄为，极有可能引发地球发展史上的第六次生命大灭绝，在这次大灭绝中最终也将为我们自己招致灭亡。

▲人类进化图

# 5 人类与生物圈

在见证了地球上漫长的生命演化过程之后，你一定会有这样的疑问：在恐龙灭绝后，人类是如何从猿类进化而来的呢？下面就让我们来探索一下人类的进化之路吧！

# 5.1 人类的起源与演化

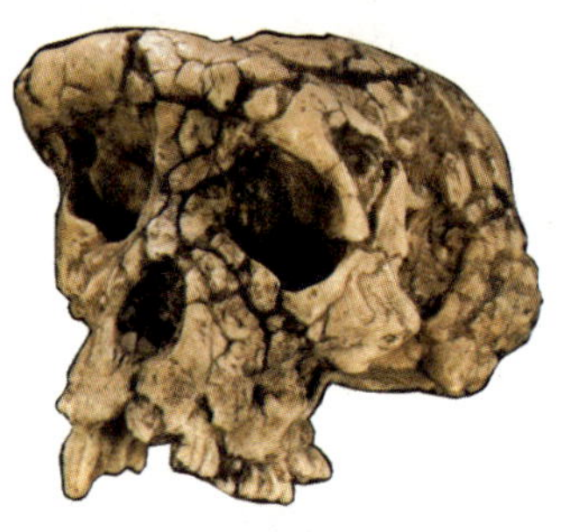
▲ 700 多万年前的乍得“托麦人”头骨化石

一般认为，人类最早是由南方古猿进化而来，经历了猿人类、原始人类、智人类才进化到现在的现代人类。据科学家研究，古猿转变为人类始祖的时间在700万年前，并在距今180万年时逐渐向世界各地拓展。那么，从猿到人到底是怎样进化的呢?

在一个较长的时期内，人们把这一发展过程分为猿人、古人、新人3个阶段。由于化石资料的不断丰富和人们认识的不断深化，这一分期法已不适用。新的划分阶段是南方古猿、直立人、智人3个阶段，其中智人又分为早期智人和晚期智人。

这里要特别介绍距今700多万年前的乍得“托麦人”，它的枕骨大孔完全垂直于脊柱之上，而且脸部较平，说明它已经能完全直立行走，因此也被认为是接近人猿分界点的人类。

## ◎南方古猿

440万年前的南方古猿是我们现代人类的直接祖先。南方古猿的体质特征和人接近，齿弓呈抛物线形，犬齿不突出，无齿隙；拇指可和其他四指对握，能使用天然工具；头枕骨大孔的位置接近颅底中央，骨盆比猿类宽，能直立行走；脑顶叶扩大，可能有原始的语言能力。

▲南方古猿头盖骨以及生活复原图

## ◎直立人

直立人在中国称之为“猿人”。直立人生存在距今约 190 万 ~ 20 万年前，地质时代属早更新世晚期到中更新世，其脑容量为 775 ~ 1400 毫升。其中，在我国距今 170 万年前的云南元谋人属于早期直立人，距今 50 万年前的北京猿人属于晚期直立人。

最早发现的直立人化石是 1891 年荷兰军医杜布瓦在爪哇中部特里尼尔附近找到的，是一个头盖骨及一枚牙齿，次年他又在同一地层发现一个股骨及一枚臼齿。该直立人化石头骨很厚，眉嵴突出，颅骨低平，具有猿的特征，但腿骨似人，适于直立行走，所以当时定名为直立猿人。

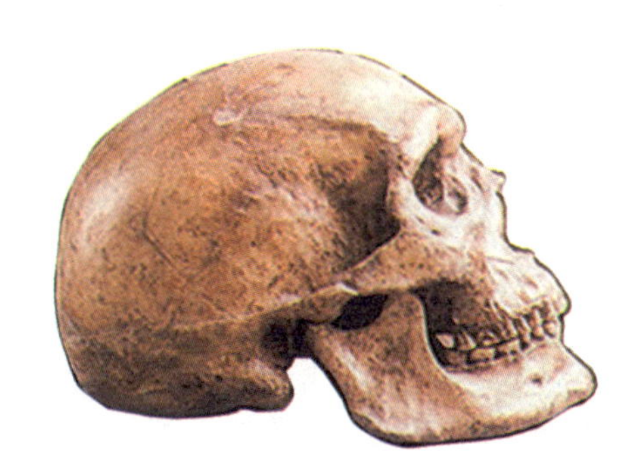

▲元谋人头骨、牙齿

▲北京人头骨及生活复原图

## ◎智人

智人分为早期智人和晚期智人。早期智人又称尼安德特人，生活于距今约 20 万～ 5 万年前，地质时代属更新世晚期。最早引起人们注意的是 1856 年在德国杜塞尔多夫城附近的尼安德特河谷一个洞穴中发现的一副人类骨架化石，定名为人属尼安德特种，后其学名改为智人尼安德特亚种。

早期智人体质形态已接近现代人，但仍保留若干原始特征，如眉嵴比现代人发达，前额低斜，颌部较突出，颏部不明显等。脑容

▲尼安德特人头骨及生活复原图

量为 1300 ～ 1750 毫升，比直立人大得多，脑组织也更复杂。在长期劳动过程中，体质和智慧都得到了进一步发展。我国典型的早期智人有湖北的长阳人、山西的丁村人等。

晚期智人又称新人，生活与距今约 5 万～ 1 万年前，他们已经能够制造磨光的石器作为工具，能够通过钻木取火，这些特征与现代人十分类似。北京周口店的山顶洞人、广西的柳江人、四川的资阳人等都是典型的晚期智人。

在长期的演化过程中，许多介于人和其他灵长类哺乳动物之间的过渡物种都灭绝了，包括南方古猿、直立人等，而我们的祖先——智人，在长期的演化中学会了使用工具，并在劳动与交流中产生了语言，成为了最终的成功者，最终登上人类文明的舞台。

## 5.2 生物多样性的现状

生物多样性包括遗传多样性、物种多样性和生态系统多样性三部分。近年来随着社会的发展，人类对自然资源的消耗越来越大，对环境的破坏也越来越严重，因此也导致许多生物失去栖息场所，或遭到人类捕杀，濒临灭绝。

▲物种灭绝急速

据统计，目前我国有近 200 个特有的物种消失，近两成的动植物濒危。《濒危野生动植物物种

国际贸易公约》中列出的640个世界性濒危物种中，中国占总数的24%，而在全球，几乎每1个小时就有一个物种遭到灭绝。据科学家推算，由于人类活动对自然的干预，近代物种灭绝的速度是物种自然灭绝速度的1000倍，是物种形成速度的100万倍。

目前，全球大约有11%的鸟类、25%的哺乳动物和34%的鱼类正濒临灭绝。我国也有许多动植物处于濒临灭绝的地位。扬子鳄是世界上现存23种鳄类中最濒危的物种之一，华南虎目前基本在野外灭绝，仅在各地动物园中人工饲养着100余只。

▼华南虎

▲扬子鳄

▲江豚

## 5.3 生物灭绝原因与危害

近年来物种灭绝速度加剧，那么是什么原因导致物种灭绝呢？科学家们将物种灭绝分为自然因素和人为因素。自然因素包括气候变化、火山喷发、地震等；人为因素主要是人类社会发展中环境的污染、过度砍伐和放牧、过度捕杀以及外来物种入侵等。

## ◎自然因素

自然因素导致生物灭绝是地球自然生态环境变化的自动选择结果，例如生命演化史中的5次生命大灭绝事件都是自然条件的改变导致当时大部分物种灭绝。但是以现在来说，导致物种灭绝的自然因素和人为因素的界限也并不是那么明显，有时候也是相互作用的，但更多的是人为因素造成自然因素的改变，从而导致物种灭绝。比如人类乱砍乱伐，造成水土流失，引发一系列地质灾害，造成生物栖息地被破坏，导致物种灭绝。或者由于人类排放了过多的二氧化碳等温室气体，造成全球气候变暖，使得极地冰川融化，导致北极熊无家可归，濒临灭绝。

## ◎人为因素

人类活动对物种灭绝的影响主要是环境污染（大气污染、水污染和土壤污染）和人为捕杀。

首先是大气污染。一些重工业未经处理的废气直接排到大气层中，使得空气中各种污染物严重超标，这导致对大气条件比较敏感的动植物灭绝。

其次是水污染。人类将垃圾随意倾倒在水体中，造成水体被重金属或其他有毒物质污染，导致水生生物的栖息地被破坏，造成生物死亡，种群数量不断减少。同时，人们将生活废水和工农业废水未经处理就私自排放到水体中，导致水体中重金属超标或富营养化，造成水生生物中毒或缺氧，从而使水体内的生物死亡等。

最后是土壤污染。由于现代工业的发展，产生的大量工业废料乱排乱放，导致土壤中重金属离子、有毒化学物质严重超标，导致植物发育受阻，叶片卷曲枯萎，严重的甚至造成根茎叶全部枯死。

除了环境污染，人类为了一己私欲，对环境过度开发，对动物的过度捕杀、树木的过度砍伐等行为造成了大量的物种灭绝。但人们对物种的灭绝并未足够重视，对于现在的一些濒危动物依然有一些人不断地进行偷猎盗猎。

## ◇科普小知识——生物灭绝（濒危）种类◇

渡渡鸟

| | |
|---|---|
| 姓名：渡渡鸟 | 亚纲：今鸟亚纲 |
| 拉丁文名：*Raphus cucullatus* | 目：鸽形目 |
| 别名：多多鸟、嘟嘟鸟 | 科：孤鸽科 |
| 界：动物界 | 属：渡渡鸟属 |
| 门：脊索动物门 | 种：渡渡鸟 |
| 亚门：脊椎动物亚门 | 曾分布范围：毛里求斯岛 |
| 纲：鸟纲 | 灭绝时间：1681年 |

## 北美旅鸽

| | |
|---|---|
| 姓名：北美旅鸽 | 目：鸽形目 |
| 拉丁文名：*Ectopistes migratorius Linnaeus* | 科：鸠鸽科 |
| 别名：漂白鸠、旅行鸽 | 属：旅鸽属 |
| 界：动物界 | 种：旅鸽 |
| 门：脊索动物门 | 曾分布范围：北美洲 |
| 亚门：脊椎动物亚门 | 灭绝时间：1988年 |
| 纲：鸟纲 | |

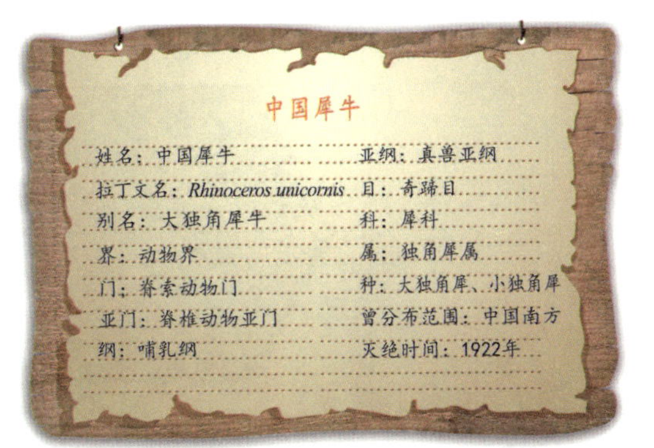

## 中国犀牛

| | |
|---|---|
| 姓名：中国犀牛 | 亚纲：真兽亚纲 |
| 拉丁文名：*Rhinoceros unicornis* | 目：奇蹄目 |
| 别名：大独角犀牛 | 科：犀科 |
| 界：动物界 | 属：独角犀属 |
| 门：脊索动物门 | 种：大独角犀、小独角犀 |
| 亚门：脊椎动物亚门 | 曾分布范围：中国南方 |
| 纲：哺乳纲 | 灭绝时间：1922年 |

## 台湾云豹

| | |
|---|---|
| 姓名：台湾云豹 | 亚纲：真兽亚纲 |
| 拉丁文名：*Neofelis nebulosa brachyurus* | 目：食肉目 |
| 别名：云豹台湾亚种 | 科：猫科 |
| 界：动物界 | 属：云豹属 |
| 门：脊索动物门 | 种：云豹 |
| 亚门：脊椎动物亚门 | 曾分布范围：台湾东部和南部山区 |
| 纲：哺乳纲 | 灭绝时间：1972年 |

## 光叶蕨(濒危物种)

姓名：光叶蕨
拉丁文名：*Cystoathyrium chinense*
别名：如意菜
界：植物界
门：蕨类植物门
亚门：真蕨亚门
纲：蕨纲
亚纲：薄囊蕨亚纲
目：真蕨目
科：蹄盖蕨科
属：光叶蕨属
曾分布范围：广布于世界温带及暖温带

## 伍德苏铁

姓名：伍德苏铁
拉丁文名：*Cycas revoluta*
别名：凤尾松、避火蕉
界：植物界
门：裸子植物门
纲：苏铁纲
目：苏铁目
科：苏铁科
属：苏铁属
曾分布范围：南非
灭绝时间：1916年

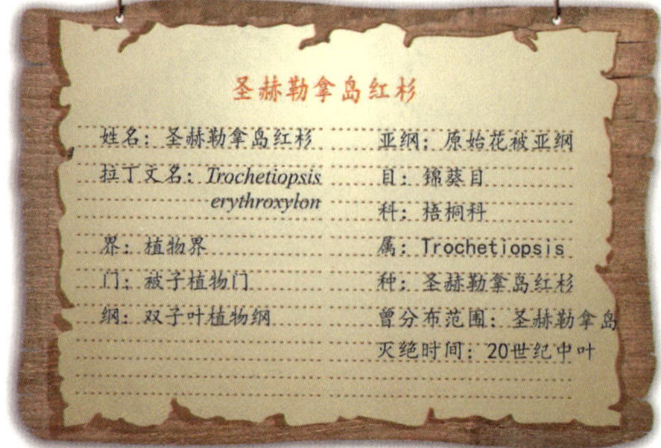

## 圣赫勒拿岛红杉

姓名：圣赫勒拿岛红杉
拉丁文名：*Trochetiopsis erythroxylon*
界：植物界
门：被子植物门
纲：双子叶植物纲
亚纲：原始花被亚纲
目：锦葵目
科：梧桐科
属：Trochetiopsis
种：圣赫勒拿岛红杉
曾分布范围：圣赫勒拿岛
灭绝时间：20世纪中叶

物种的灭绝必然导致物种多样性的减少，而物种多样性的减少也势必会造成生态系统的破坏，正所谓“牵一发而动全身”。据科学家们研究，一个物种的灭绝，将会导致30种其他物种的灭绝。我们人类也是生态系统中的一分子，如果生态系统遭到破坏，那我们人类也只有灭亡的命运。

生物多样性对我们人类来说有着不可估量的价值，而物种的不断灭绝也正是人类自身在不断地消耗着大自然赋予我们的资源。在生态系统中，任何的生物都有着不可或缺的地位，它们相互依存，相互制约，共同维系着生态系统的结构和功能。如果其中一环缺失，必将会对其他相互物种造成影响，对生态系统造成破坏，最后威胁到我们人类自身。

## 5.4 人与自然和谐相处

“生物多样性”是生物（动物、植物、微生物）与环境形成的生态复合体以及与此相关的各种生态过程的总和，包括生态系统、物种和基因3个层次。生物多样性是人类赖以生存的条件，是经济社会可持续发展的基础。

生物多样性的缺失首先会影响我们的食物来源和工农业资源。我们的食物全部来源于自然界，当生物多样性遭到破坏之后，一切食物和农业的收成都无法得到保障；物种多样性的减少也势必会打破自然界的生态平衡，从而导致生态系统的破坏，最终导致人类自身的灭亡。

目前世界物种灭绝的速度每年都在增加，因此保护物种多样性刻不容缓，同时要意识到保护生物多样性、保护生态环境就是保护人类自己。

1992 年联合国环境规划署发起了保护地球生物资源的国际性公约《生物多样性公约》。

▲生物多样性公约标志

联合国大会于 2000 年 12 月 20 日，宣布每年 5 月 22 日为“生物多样性国际日”，以增加对生物多样性问题的理解和认识。

目前我国建立了生物多样性保护相关的部门和组织，同时也设立了保护生物多样性的法律条款，比如《海洋环境保护法》《野生动物保护法》《自然保护区条例等》。2011 年 6 月，我国国务院成立了“中国生物多样性保护国家委员会”，统筹协调全国生物多样性保护工作，制定实施了《中国生物多样性保护战略与行动计划》等一系列重大计划和规划。国内生物多样性保护协调机制逐步完善。

▲中国生物多样性保护国家委员会标志

习近平总书记在中国共产党第十九次全国代表大会上提出：“要加大生态系统保护力度，实施重要生态系统保护和修复重大工程，优化生态安全屏障体系，构建生态廊道和生物多样性保护网络，提

升生态系统质量和稳定性。”为贯彻落实党的十九大精神，我国在保护生态多样性的道路上也在不断发展。

目前我国在生物多样性保护方面主要采取 4 种措施：一是就地保护，大多是建自然保护区，比如卧龙大熊猫自然保护区等；二是迁地保护，大多转移到动物园或植物园，比如将水杉种子带到南京的中山植物园种植等；三是开展生物多样性保护的科学研究，制定生物多样性保护的法律和政策；四是开展生物多样性保护方面的宣传和教育，在中小学宣传环境保护的知识，使青少年儿童树立正确的生态意识和环保意识。

▼南京中山植物园

▲卧龙大熊猫自然保护区

▲中小学宣传环境保护

人类是生物界的一员，应该与地球上的其他生物和谐共处，共同维护所有生物的地球家园。了解生命，珍爱生命，保护地球环境，维护生物多样性，也就是在保护我们人类自己。用我们的自身行动，来修复被人类破坏的生态环境，来保护我们唯一的家园。

# 主要参考文献

童金南，殷鸿福．古生物学 [M]. 北京：高等教育出版社，2007.

王章俊，王菡．生命进化简史 [M]. 北京：地质出版社，2017.

左晓敏，宋香锁．生命乐章——生命进化 [M]. 济南：山东科学技术出版社，2016.

季风岚，马原，孙永山，等．辽宁化石珍品 [M]. 北京: 地质出版社，2015.

孙革，张立君，周长付，等 .30 亿年来的辽宁古生物 [M]. 上海：上海科技教育出版社，2011.

侯先光，杨·博格斯琼，王海峰，等．澄江动物群：5.3 亿年前的海洋动物 [M]. 昆明：云南科技出版社，1999.

方凌生．奥陶纪物种大爆发之谜 [J]. 大自然探索，2008,(11)：11–19.

冯伟民，陈哲，叶法丞，等．生命进化史上的奇葩——埃迪卡拉生物群 [J]. 生物进化，2014,(4)：22–41.

袁训来，陈哲，肖书海，等．蓝田生物群：一个认识多细胞生物起源和早期演化的新窗口 [J]. 科学通报，2012,57(34)：3219–3227.

Fu D, Tong G, Dai T, etal. The Qingjiang biota—A Burgess Shale–type fossil Lagerstätte from the early Cambrian of South China[J]. Science, 2019, 363(6433)：1338–1342.

Nutman A P, Bennett V C,Friend C R,et al. Rapid emergence of life shown by discovery of 3,700-million-year-old microbial structures[J]. Nature, 2016,537(7621)： 535-538.

Hu Y M, Wang Y Q, Luo Z X, et al. A new symmetrodont mammal from China and its implications for mammalian evolution[J]. Nature, 1997, 390(6656): 137-142.

Schopf J W. Microfossils of the Early Archean Apex chert: new evidence of the antiquity of life[J]. Science, 1993, 260(5108): 640-646.

Shu D G, Luo H L, Morris S C, et al. Lower Cambrian vertebrates from south China[J]. Nature, 1999, 402(6757): 42-46.

Zhu M, Zhao W, Jia L, et al. The oldest articulated osteichthyan reveals mosaic gnathostome characters[J]. Nature, 2009, 458(7237): 469-474.

Yuan X L, Chen Z, Xiao S H, et al. An early Ediacaran assemblage of macroscopic and morphologically differentiated eukaryotes[J]. Nature, 2011, 470(7334): 390-393.